Écrire l'Afrique

Collection dirigée par Jérôme Martin

Romans, nouvelles, récits sont ici les témoins de la culture africaine au quotidien.

Dernières parutions

Fousseni TOGOLA, *Enfant des ruines*, 2025.
Jean-Louis FOUMANE AZOMBO, *Ce que tu verras là-bas*, 2025.
Léon FODZO, *La tête des autres*, 2024.
Bruno LENGANI, *Contes au pied du mont Boulgou*, 2024.
Juliana DIEDHIOU FOUCHART, *Un pacte perfide*, 2024.
Amidou Kalilou DIAKITÉ, *Houdouni ou l'enfant éclairé*, 2024.
Boniface MEKE, *Désillusion fatale*, 2023.
Alexis ALLAH, *La marche des nénuphars*, 2023.
Moustapha DIENG, *Nuits d'une vie*, 2023.
Jean-François Sylvestre SOUKA, *Le flambeur et la rebelle*, 2023.
Louis MORALEDA, *Les dauphins noirs du fleuve, Une histoire d'amour casamançaise,* 2023.
Felix LONJI, *Le sentier*, 2023.
Ali HOUMED IBRAHIM, *Pacte de persévérance*, 2023.
Rodrigue AKONO, *Le destin en main,* 2023.
Siaka SYLLA, *Graine de migrant. Un parcours inachevé*, 2023.
Marcel LAUGEL, *Mauritanie d'antan et de toujours*, 2023.
Essis AKO FÉLIX, *Le Hameau d'Ermesseille. Par la Justice et la Fraternité*, 2023.
Eric AMBASSA AMBASSA, *Il ne manquait plus que ça ! les traumatismes de Fadie*, 2023.
Éric BOUVERESSE, *Née sous une bonne étoile,* 2023.
Thomas EWOLO, *Maître Laurent,* 2023.
Gérard MEYER, *Paroles d'un sage du pays malinké. Racines et traditions*, 2023.
Murielle ESSA, *Le cri de réprobation*, 2023.
Jean-Népomucène BUNOKO, *Les Déchets*, 2023.
Yassine KERVELLA-MANSARÉ, *Femme Peule*, 2022.
Hubert BALIQUE, *Muso Kele, La guerre des femmes*, 2022.

Yaéré

Divagations africaines

5-7, rue de l'École-Polytechnique, 75005 Paris

http://www.editions-harmattan.fr

ISBN : 978-2-336-52572-3
EAN : 9782336525723

François Delclaux

Yaéré

Divagations africaines

L'Harmattan

Du même auteur :

Un hydrologue au pays du Yéti, Revue Bouts du Monde, 2019.

On pourrait presque dire que l'eau est folle, à cause de cet hystérique besoin de n'obéir qu'à sa pesanteur qui la possède comme une idée fixe.

Francis Ponge, *Le parti pris des choses*

La première impression est toujours décisive. L'homme dont les genoux ne sont pas noirs sera repéré quoiqu'il fasse.

Nigel Barley, *Un anthropologue en déroute*

L'espace de notre vie n'est ni continu, ni infini, ni homogène ni isotrope. Mais sait-on précisément où il se brise, où il se déconnecte et où il se rassemble ? On sent confusément des fissures, des hiatus, des points de friction.

Georges Perec, *Espèces d'espaces*

APRÈS L'AVANT

Je sais comment cela va se passer.

Tu sais comment cela va se passer.

Un aéroport international, puis un autre. Les coursives anonymes, nettes de propreté. Les halls sonores d'annonces artificielles. Les toilettes brillantes d'hygiène. Des uniformes aux aguets, des valises roulantes et des silhouettes pressées.

Tu es de retour dans le moderne et le standard, où le froid intérieur est plus désagréable que les frimas de ce décembre ou les nuits réfrigérantes du Yaéré.

Pourtant, les lumières de Noël illuminent le soir, guirlandes entre platanes et chapelet d'ampoules à l'assaut des sapins.

Pourtant, les effluves de vin chaud réconfortent les visages rougis, tandis que les étalages de bijoux artisanaux et de calissons sont les dernières occasions de cadeaux avant les retrouvailles familiales. C'est pratique, et tu en profites.

Tu marches sur un pied, l'autre est resté quelque part dans une pirogue africaine. Cette claudication est un exploit, pourvu qu'elle ne s'éternise pas.

Après ces trois mois, tu es content de ces retrouvailles avec ta ville et avec les rues de ton quartier, avec ta maison qui sent l'immobilité, et où trônent tes deux énormes sacs. Tes bagages ornés d'étiquettes blanches, tu les regardes sans savoir quoi faire. Il serait normal de les ouvrir, d'en extirper le fatras de tes tee-shirts sales, de tes pantalons douteux et de tes cahiers de notes. Il serait déraisonnable de remettre à jour soudainement la mémoire de ces trois mois, ces souvenirs marqués de calebasses gravées, de tissus colorés et de ces citrons verts et gros avocats qui ont mûri durant le voyage.

Tu as eu raison de redouter ce passage, même rapide, au supermarché de ton quartier où déferlent les marchandises clinquantes.

Tu sens dans ton dos un passé si intime que tu ne peux le poser à sa place. D'ailleurs, tu n'en as pas envie. Surtout rester dans cet espace intermédiaire. Comme si bouger allait te faire basculer dans l'oubli du passé.

Est-ce comme cela que déjà se manifeste la nostalgie ?

MAIS VOILÀ QUE...

6 octobre 2008, 18 h. Je prends possession de la chambre 204, hôtel La Girafe, Yaoundé. Je vide mes sacs, je suspends mes vêtements dans la penderie. Je regarde autour de moi, murs blancs, armoire et lit fonctionnels, fenêtre sur cocotiers. J'écoute les bruits de la rue. Je branche mon ordinateur portable.

Et d'un seul coup, je me sens vidé, seul. Vidé et seul, mais plus vidé que seul.

J'ai atterri deux heures plus tôt sur la piste de l'aéroport, sertie dans la verdure équatoriale. Une piste réputée il y a trente ans pour son exiguïté dans la forêt tropicale, contraignant les avions à frôler la canopée. Des arbres ont été coupés, la piste rallongée. Le Royal Air Maroc s'y est posé comme sur un billard et mes premiers pas sur le tarmac tiède ont marqué mon entrée dans une nouvelle vie. Maintenant, dans cette ville aux sept collines, capitale administrative de la République du Cameroun, il fait tropicalement nuit. Une obscurité humide, tiède, bruissant de vies cachées. Oiseaux, grillons et batraciens ne cessent de vocaliser sous un ciel sombre où un voile nuageux occulte les étoiles. Peu de lampadaires, seuls des phares de voitures et quelques lampes à pétrole accrochées çà et là.

Vidé.

Le voyage ne m'a pas exténué. Au contraire, me poser dans un siège d'avion m'a permis de souffler, de ne plus penser à l'organisation, aux papiers, aux lettres de recommandation et ordres de mission, aux inutiles plans B remplacés par des plans C ou D inattendus – je le découvrirai plus tard. Les six mois précédant l'atterrissage ont été nourris de démarches, de formulaires, de comptabilités diverses, de lectures scientifiques. Et d'appréhensions. Je ne suis pas familier avec la terre africaine et ses habitants, et les quelques missions que j'y ai effectuées ont toujours été des moments intenses, des moments de repères flottants, *fluctuat* mais par chance *nec mergitur*. Alors la perspective de trois mois de travail au nord Cameroun, isolé dans un environnement géographique, humain et hydrologique inconnu, m'a parfois empêché de dormir.

Vidé.

J'ai zappé l'heure du repas. Je pars m'acheter une boisson dans une échoppe à proximité de La Girafe, première déambulation nocturne dans la ville. Pour l'emplette d'une bouteille d'eau Tangui à 55 centimes d'euro, un jeune Camerounais écrit avec soin date/quantité/désignation/prix unitaire/prix total/montant en toutes lettres/montant en chiffres. Un autre jeune encaisse, rend la monnaie, met la bouteille dans un sac plastique. En revenant à l'hôtel, je ramasse sur le trottoir la bouteille tombée du sac dont le fond a lâché.

Dans ma chambre, je bois mon eau Tangui, et mes yeux s'endorment.

Avant de partir pour le nord Cameroun, je dois rassembler le maximum d'informations sur cette immense zone au sud du lac Tchad, une plaine d'inondation de

8000 km² du nom de Yaéré[1]. Plusieurs administrations, ONG et laboratoires se sont intéressés à cet objet hydrologique dont l'importance sur le fonctionnement sociétal et sur la biodiversité est reconnue mais peu documentée. Mon premier travail est celui d'un journaliste d'investigation, à savoir enquêter, remonter à des sources bibliographiques, rencontrer d'anciens chercheurs en espérant qu'ils ne se sont pas expatriés dans un organisme international plus rémunérateur.

Je palabre au téléphone pour avoir des rendez-vous, puis je parcours des quartiers inconnus pour échanger en direct – par chance, Petit-Jean, chauffeur à l'IRD[2], m'accompagne dans le labyrinthe urbain. Dans ma chambre, je passe nombre d'heures à rédiger et lire des mails. Et quand, à mon bureau, je lève les yeux de mon écran, mon regard fatigué découvre un environnement de bananiers et de plantes tropicales.

À nouveau, je plonge dans l'écran, les mails, les lectures…

À nouveau, je jette un coup d'œil par la fenêtre…

À chaque regard vers l'extérieur, je réatterris en Afrique.

Dimanche midi, je suis le seul attablé au restaurant de l'hôtel. La commande du repas n'arrive pas à son dénouement, bière oubliée. Ça tombe bien, le steak de

---

[1] En langue peule, ou peuhle, le nom propre Yaéré, ou Grand Yaéré, ou Yaérés, désigne la grande plaine d'inondation de l'extrême nord du Cameroun, au sud du lac Tchad. Elle est bornée à l'est par le fleuve Logone, au sud par les monts Mandara et à l'est par de faibles reliefs à la frontière avec le Nigéria. Par extension, le nom commun yaéré peut dénommer une plaine d'inondation plus ou moins étendue.

[2] L'IRD est l'Institut de recherche pour le développement. C'est un institut français public de recherche à vocation de travail en partenariat avec les pays en développement. Je dépendais de cet institut.

zébu et ses frites de bananes plantain sont excellents et s'accommodent mieux avec de l'eau. De l'eau dont le prix de la bouteille est moitié de celle du steak. L'après-midi, je me pose sur la terrasse, non pour déguster un café – l'express local n'est pas fameux, car le café de qualité est dévolu à l'exportation –, mais pour un travail bibliographique sur papier : aujourd'hui, l'électricité est *gâtée*.

À 400 km de l'équateur, le soir tombe avec rapidité et après 18 h l'obscurité a détrôné la lumière. La nuit est un condensé de l'Afrique, concentré insaisissable d'odeurs et de moiteurs, agréables et repoussantes. Un vrai cliché de voyage. Une mosaïque de senteurs où se croisent des effluves de beignets et de plantes, des émanations de pots d'échappement et des remugles de poubelles. L'éclairage public est clairsemé, les néons des boutiques prodiguent des lueurs pointillées et froides. Les phares blancs des voitures balaient les gamelles d'huile à beignets, posées sur les flammes orange de braseros à même le sol. Multitude d'éclats lumineux. La circulation est intense, fluide. Le klaxon est réservé aux taxis qui s'en servent pour chercher le client, lui dire oui, lui dire non et surtout pas pour s'énerver.

Le lundi marque le retour de la chasse aux entretiens. Je planifie des rendez-vous en sachant qu'un timing à plus ou moins une heure est fréquent et qu'il est inutile de s'impatienter. Je deviens accro à mon téléphone portable, le premier de ma vie, acheté au marché central de Yaoundé. Un rendez-vous s'organise autour de quatre ou cinq appels pour fixer, modifier, retarder, changer de lieu et enfin s'y rendre. Je n'ai jamais autant téléphoné qu'à Yaoundé.

La quête d'informations n'est pas anodine. Comme je l'ai constaté lors de précédentes missions, la mémoire, du moins scientifique, a la vie dure en Afrique. La discontinuité des travaux et le fonctionnement de la recherche par projet fragmentent la connaissance. Les rapports papier s'entassent dans des armoires, les documents informatiques sont dispersés et peu sauvegardés, le centralisme fait défaut. Le temps est celui du moment présent, et le long terme du passé semble évanoui. Le passé, dans ce pays comme dans d'autres pays africains, repose plus sur la tradition orale que sur la transmission écrite, et la conservation matérielle reste aléatoire.

Cette situation est un handicap pour la recherche. Dans le domaine de l'environnement, celle-ci est basée sur l'acquisition et le traitement de données. Mais lorsque la trace de ces informations est perdue, comment concevoir un projet sur le long terme ? Il est malaisé de dimensionner un ouvrage hydraulique sans disposer de séries annuelles de débits, ou de planifier une agronomie sans un historique fiable des précipitations. De plus, la gestion d'une mémoire scientifique réclame des besoins financiers et humains qui ne rentrent pas toujours dans les priorités économiques d'états confrontés à de nombreux problèmes.

Ce soir, je dîne à l'hôtel. Le serveur verse avec délicatesse une bière Castel dans mon verre qu'il incline avec soin. Reposé sur la table, celui-ci contient une bonne épaisseur de mousse : mystère !

Pour éviter la routine du restaurant La Girafe, j'achète parfois de la nourriture à consommer dans ma chambre, sardines, pain, biscuits… Je fréquente les petits commerces du coin, là où les vendeurs sympas prennent le temps d'écrire les tickets de caisse. Mais leur faible diversité alimentaire me conduit vers une grande surface, une des principales de Yaoundé. Dès la porte franchie, je me sens glacé, et pas seulement à cause de l'air conditionné. Il faut imaginer une grande supérette où, entre les rayonnages, les gardiens et le personnel, noirs, sont plus nombreux que les clients, en majorité blancs. Tout semble figé, arrêté, l'aspect nonchalant des Africains prend ici un air froid et sinistre sous les enseignes en néon. Cette cérémonie est le prix à payer pour déguster des rillettes *made in France* dans ma chambre d'hôtel.

Au Centre de recherche en hydrologie et à la Faculté des sciences, je rencontre Luc, Gaston, Georges Emmanuel et Jean-Claude, hydrologues camerounais. À leur contact, je mesure leur investissement dans des structures où les moyens de travail (matériel, informatique, recrutement) font défaut. Je m'engage, à mon retour de Maroua en décembre, à venir à l'Université donner une conférence sur les résultats de ma mission.

Chaque jour, je marche jusqu'au centre IRD pour relever mes mails. Les discussions avec des chercheurs expatriés, habitués aux contraintes locales, m'aident à définir une stratégie de travail pour mon séjour à Maroua. Xavier, le chef de centre et représentant régional de l'IRD, me fait un topo géopolitique sur la présence de l'institut en Afrique. Quant à Patricia, ses compétences en comptabilité m'aident à y voir clair sur les subtilités administratives que j'aurai à affronter et sur les factures qu'il me faudra conserver.

J'apprends ici un mode de travail entre faire et laisser-faire. Dans mon activité montpelliéraine de chercheur, je rédige un projet, je définis un planning, je mesure sur le terrain, je budgétise. Je m'inscris dans un cadre à respecter, dans des échéances. Mais ici…

Il était prévu de partir jeudi pour Maroua, ma ville de destination. Le mardi, début des préparatifs,

mais voilà que la voiture est en réparation,

mais voilà qu'il faut de nouvelles plaques d'immatriculation, mais voilà que le chauffeur a des triplés tombés malades,

mais voilà que le chauffeur-remplaçant a un examen médical samedi.

Les « mais voilà que » nous amènent à partir le dimanche.

Trois jours de retard, tu te dis que c'est peu… et c'est beaucoup sur une mission de trois mois. Tu dois concilier ces espaces-temps africains et occidentaux. Aujourd'hui, c'est l'organisation d'un déplacement. Demain, ce sera une panne de véhicule, après-demain, un ordinateur en rade… Dans tous les cas, il faudra t'adapter.

Au Centre IRD de Yaoundé, tu discutes avec des chercheurs expatriés sur leurs conditions de travail et de vie. Dans certaines régions, le Cameroun peut se révéler un pays rude, dans les rapports entre les différentes ethnies comme entre les autochtones et les Blancs. Cela correspond à tes souvenirs de missions passées et à tes impressions récentes de néophyte, mais tu ne sais pas s'il s'agit de tes préjugés, de tes appréhensions ou de la réalité.

De l'équatorien tropical humide au nord sahélien aride

René Char. Je voulais écrire sur René Char dans mon journal de bord perso, celui qui a une jolie couverture et qui est différent de mon cahier de terrain *Clairfontaine*. René Char dont je découvre la vie par une biographie à laquelle je consacre quelques instants avant le sommeil. Mais l'écriture a été remplacée par du 4x4 à haute dose. Nous quittons Yaoundé le dimanche – enfin ! –, à destination de Maroua, la capitale de la Région de l'Extrême-Nord. Deux jours de voyage, 1500 km de piste et de route. Avec Petit-Jean, mon chauffeur camerounais de l'IRD, nous allons parcourir un transect[3] géographico-climatico-socio-végétal de l'équatorien tropical humide au nord sahélien aride : cap nord-est, vers Bertoua, puis direction nord. Nous frôlerons la frontière avec la République centrafricaine pour atteindre N'Gaoundéré, ville universitaire où nous ferons étape, puis Garoua et enfin Maroua. Nous suivrons le grand axe qui monte au Tchad. Un grand axe par le trafic, et non pour la qualité de la voirie. De nombreux camions-citernes transportent l'essence raffinée de la côte atlantique vers le nord et le Tchad. Ils ne se lassent pas de creuser la piste alors qu'un

[3] Un transect est une ligne imaginaire, traversant un espace géographique, et le long de laquelle il est possible de caractériser une variation de paysages, de biodiversité ou de phénomènes climatiques.

oléoduc transporte en sens inverse le pétrole brut tchadien vers les raffineries camerounaises atlantiques.

Piste de latérite, poussière rouge sombre, arbres immenses aux feuilles vêtues de poudre ocre
Des kilomètres sans villages, et des hommes et des femmes et des enfants marcheurs
Silhouettes verticales noires en bois sur le bord de route, mémoires des accidents et de leurs dégâts humains, 4, 5, ou 7 morts
Achat par le chauffeur de régimes de bananes plantain entassés sur le toit du 4x4, à revendre le long du trajet à sa famille au sens large et géographique
Régimes de bananes également étalés sur les cabines des poids lourds
Allusions aux coupeurs de route, ces brigands de grand chemin sortis de brousse et dépouilleurs de voyageurs, fréquents quand la piste frôle d'autres pays, coupeurs de route résonnent avec coupeurs de tête, ambiance
Forêt à perte de vue, silencieuse et vivante dans le calme du moteur à l'arrêt
Arrêts fast-food soyas, viande grillée vendue dans des cornets de papier et saupoudrée d'épices, transit intestinal accéléré pour le deuxième mal cuit
Chez les habitants immobiles à la terrasse des cafés ou à l'ombre d'un arbre, quel temps pour eux, avec eux, malgré eux ?
Coton, mon premier champ
Arrêt slow-food dans un boui-boui improbable aux avocats et spaghettis royaux
Traversée à 100 à l'heure de villages aux habitants familiers de la loi du klaxon et aux chèvres ignorant ce code sonore
Une savoureuse pomme-cannelle sans goût ni de pomme ni de cannelle

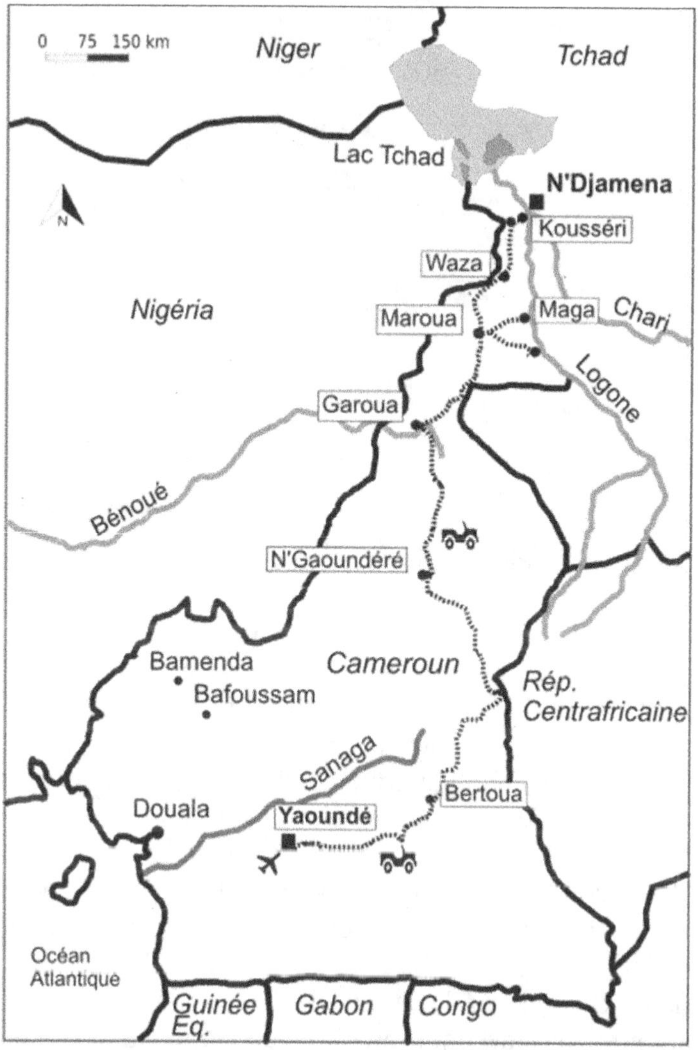

Le Cameroun et notre trajet vers l'Extrême-Nord.

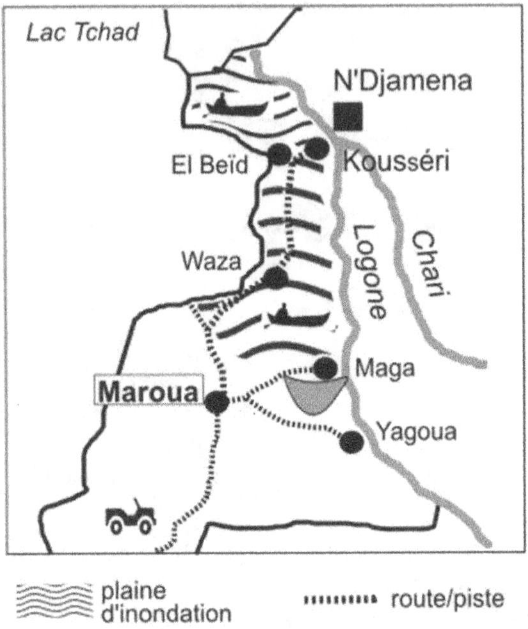

Plaine d'inondation du Yaéré.

Petit-Jean pilote avec dextérité notre vieux Toyota Land Cruiser dont l'âge me rassure : avec tant de kilomètres au compteur, ce 4x4 ne va pas lâcher maintenant. Mais un doute subsiste, un doute récurrent à chaque déplacement, car je n'ai pas oublié la boite de vitesses en carafe lors de ma mission de l'an passé. J'avais dû improviser mon retour à N'Djamena par les moyens locaux, taxis et minibus sous la contrainte de l'horaire d'avion de retour.

Pour m'occuper et pour diminuer une vague appréhension, je me dissocie, je remplace Petit-Jean au volant. Un œil sur les trous de la piste, un œil sur le camion d'agrumes qui précède, un autre au-delà pour doubler, et un sur le compteur, 100 km/h, le tout dans un nuage de poussière rouge. Cet effort m'épuise, Petit-Jean se lance, je ne vois rien, je me ramasse sur mon siège passager et nous dépassons la semi-remorque. RAS... jusqu'au prochain poids lourd. J'admire mon chauffeur. Je deviens accro à la clim, surtout dans le panache rouge d'un camion qui nous oblige à fermer les fenêtres. Et parfois, ça dure.

Tu baignes dans la sensation curieuse et inédite de vivre la situation du travailleur solitaire dans un pays qui n'est pas le tien. Lorsque, touriste, tu voyages à l'étranger, tu définis le cadre qui te permet de découvrir le typique ou le vrai, même si ce typique intègre l'illusion du vrai. Mais en tant que travailleur, la priorité n'est pas le typique, mais l'efficacité par rapport à des objectifs. De plus, les circonstances te font jouer le rôle du Blanc dans une société africaine, blanc et donc riche, ce qui est vrai, et à te situer dans une histoire particulière. Tu n'es pas encore à ta place dans ces postures, même si tu subodores que le typique sera au rendez-vous, à sa manière. De ce point de vue, le futur ne te décevra pas.

À Maroua

Nous faisons étape à N'Gaoundéré, hébergés chez des religieuses polonaises, une excellente adresse. Je passe à l'Université saluer un collègue hydrogéologue, Benjamin, avec qui nous collaborons.

Lundi, nous atteignons Garoua, capitale de la Région Nord, où nous franchissons le pont sur la rivière Bénoué dans laquelle se prélassent des hippopotames. De Garoua à Maroua, nous roulons trois heures sur une route goudronnée de frais et financée par la Communauté européenne, comme l'annoncent de grands panneaux publicitaires.

Je découvre Maroua par les vitres du 4x4. Maroua, une ville de plus de 150 000 habitants où cohabitent une dizaine d'ethnies. Maroua, chef-lieu de l'Extrême-Nord du Cameroun. Nous parcourons le tour de ville par un boulevard moins goudronné et plus troué que la nationale. Les rues principales sont ombragées, bordées d'arbres immenses, mémoire sans doute de la présence coloniale. Nous roulons avec lenteur dans cette ombre bienfaisante en ce début d'après-midi où la température doit frôler les 40°. Des motos pétaradantes slaloment entre piétons, taxis-brousse et rares voitures. Devant la gare routière, de petites échoppes-restaurants abritent des silhouettes assises sur des nattes et absorbant le classique riz sauce plus ou moins épicé. Nous passons devant un hôtel dont l'architecture mauresque semble viser plus le touriste ou l'homme d'affaires que le voyageur ordinaire.

Notre voiture franchit un pont surplombant le lit d'une rivière à sec, puis passe devant quelques bâtiments officiels, palais de justice, préfecture... Entre les arbres, je devine un *inselberg*, colline isolée surplombant la ville.

Nous continuons le tour de ville et longeons ce qui semble être le cœur de la cité, le marché, dans lequel nombre d'habitants s'activent et palabrent. Entre les boutiques s'enfoncent de sombres passages qui ont chacun leur identité : plomberie, électricité, vêtements, électroménager. Les maraîchers s'exposent au plein air, derrière leurs petites pyramides de tomates rouges, de poivrons verts et d'oignons, leurs assiettes d'œufs et leurs amoncellements de légumes inconnus.

Un distributeur de billets, un garde de sécurité armé et une agence bancaire tranchent dans l'environnement ambiant.

Enfin, Petit-Jean quitte le goudron pour une large piste sableuse déserte et silencieuse qui serpente sous de grands arbres entre des propriétés entourées de murs – les *concessions*[4] – pour s'arrêter devant un portail gris métallique. Un homme, qui s'avérera être mon gardien, ouvre les deux vantaux, le 4x4 pénètre dans une grande cour de gravier et stoppe devant une maison et sa petite terrasse ombragée.

Nous y sommes.

---

[4] En Afrique subsaharienne, une concession – terme issu du vocabulaire colonial – est un terrain pour habitation incluant une ou plusieurs maisons et une cour, l'ensemble étant entouré par une enceinte.

Tu retrouves la case de passage IRD qui t'avait accueilli en 2007, mais ton séjour y sera plus long, deux mois et demi. Tu redécouvres ton domaine, une cour gravillonnaire entourée d'une enceinte, une cahute pour le gardien, une petite case ronde traditionnelle couverte de son toit de chaume – un *boukaru*. Enfin, la maison qui va t'héberger, blanche, calme et grande, avec ses deux chambres-salon-cuisine-congélateur. Tu occupes ta *concession*, tu étales ton bazar partout. Tu remplis une armoire, tu ranges tes dossiers et ordinateurs sur un grand bureau, tu choisis ta chambre en testant le meilleur sommier. Tu marques ton nouveau territoire avec une curieuse sensation de déjà-vécu.

La case de passage IRD dans sa concession à Maroua.

Le lendemain, Petit-Jean repart à Yaoundé en taxi-brousse, et je me retrouve seul avec cet imposant 4x4 posé dans ma cour. Je le contemple avec circonspection. Je dois éviter de conduire, car je suis novice dans le pays et le risque d'accident est réel tant la circulation des piétons, motos et voitures est imprévisible, surtout la nuit. En cas d'accrochage, tout peut devenir compliqué – surtout si des personnes sont blessées –, face aux gendarmes, aux assurances, aux gens. En cas de blessure à autrui, l'objectif pour les locaux est d'obtenir le maximum d'indemnités des Blancs. Je peux le comprendre et je veux l'éviter, ce qui n'est possible que si le chauffeur est camerounais. Le mien s'appelle Adama. Il habite Maroua, et je le retrouve avec plaisir après plus d'un an. Il m'avait piloté en 2007 et il a l'expérience de l'IRD et des contraintes du travail en brousse.

Il m'emmène au marché central pour mes premières emplettes, m'évitant les prix spécial-blancs.

Pendant le déjeuner, un gecko escalade sans vergogne un de mes rideaux.

LIVRÉ À MOI-MÊME

Premier week-end à Maroua. Organismes et institutions sont clos et mon carnet d'adresses est maigrichon. Désorienté, je tourne en rond, ne sachant par quel bout commencer. Alors je lis. Des articles scientifiques qui m'introduisent à la complexité environnementale du Yaéré, où le cycle des saisons sèches et des inondations rythme le va-et-vient saisonnier et parfois conflictuel des ethnies sédentaires et itinérantes. Des romans aussi, car, sachant que j'aurai des soirées libres, j'ai embarqué de la littérature autre qu'hydrologique. Je termine, enfin, « L'éclair au front », une biographie de René Char par Laurent Greilsamer. Une vie tous azimuts, parcourue dans les extrêmes – Résistance, femmes, amitiés foudroyantes et fusionnelles –, d'une totale exigence avec lui et les autres, d'une fidélité sans failles à son art poétique. Rencontres, ruptures, retrouvailles sur un fond d'amour passionné pour sa campagne du Vaucluse. Mauvaise foi, excessive parfois. Son ouverture permanente lui a fait rencontrer, aimer, adorer, rejeter les Éluard, Breton, Aragon, Giacometti, Picasso, Ponge, Staël, Viera da Silva, Vilar, la liste est impressionnante. Et des gens moins renommés, croisés dans la Résistance ou la campagne provençale. Ses poèmes portent une énergie et un appétit de vivre, d'aimer et de rencontrer. D'une immoralité contradictoire, sa poésie et sa vie sont sensuelles, puissantes et colorées. Même si une biographie accentue le portrait et amplifie les points saillants, nul besoin d'en rajouter chez René Char. Le personnage lui-même porte ses propres exubérances intransigeantes.

Le problème avec ce livre est l'appétit qu'il déclenche. Je dois me freiner, ne pas finir trop vite, goûter les mots et les phrases. Et garder sous le coude d'autres lectures pour les mois qui viennent.

Le temps passe.

Pour la première fois dans ton travail, tu es livré à toi-même. Tu as pris tes marques. Tu as réaménagé les meubles de la pièce principale, un coin travail avec bureau-étagères pour tes ordinateurs et documents, un salon garni de fauteuils et table basse pour tes futurs visiteurs. Tu as rangé tes habits dans la petite armoire de ta chambre et réinstallé la moustiquaire. Tu as récuré la cuisine et nettoyé le congélateur.

Maître de ton temps, tu t'accordes à ton rythme, tu affines ton organisation, tu façonnes l'agenda de tes sorties terrain et de tes rendez-vous. Tu goûtes cette disponibilité agréable pour fixer tes repères de travail et le contenu de tes horaires. Tu agis avec le minimum de contraintes institutionnelles, sans réunions ni mails omniprésents… même si les collègues et les échanges autour de la machine à café du labo te manquent parfois.

Parlons sciences puisque je suis ici pour ça.

Intermède scientifique... à lecture facultative !

Le lac Tchad

Il est situé à la frontière entre Sahara et Sahel, par 13° de latitude nord. Son bassin versant s'étend sur plus de 2 millions de km², soit 3,5 fois la superficie de la France. La partie nord du bassin est désertique. L'eau est présente dans la partie sud, zone hydrologiquement active sur ses 800 000 km². Le lac, endoréique[5], est alimenté par les rivières principales Chari et Logone en provenance du sud, ainsi que par les pluies d'hivernage[6]. À l'ouest, un tributaire secondaire, la Komadougou Yobé, s'écoule dans le lac.

L'évaporation sur le lac est élevée, de l'ordre de 2 m équivalent eau par an. Sachant que la profondeur moyenne du lac est de 6 m, le moindre déséquilibre entre les apports et les pertes en eau se traduit par une variation importante du niveau du lac et de sa superficie. Ainsi, à la suite des périodes de sécheresses sahéliennes des années 70, très relayées par les médias, le lac s'est rétréci, passant de 26 000 à 1500 km² entre 1960 et 1980.

Le Yaéré

Le Yaéré, d'une superficie de 8000 km², est une plaine d'inondation au sud du lac Tchad. Il est bordé à l'est par le Logone, rivière marquant la frontière avec le Tchad, et à l'ouest par des collines du Nigéria. Quand le Logone déborde pendant et après la saison des pluies, l'eau transite dans cette plaine. Si l'inondation est importante, l'eau traverse la plaine et arrive, via un exutoire nommé El Beïd, jusqu'au lac Tchad, contribuant à l'alimenter. Si les pluies ne sont pas suffisantes, le Logone déborde peu et l'eau disparaît dans le Yaéré par évaporation et transpiration par la végétation. Dans les deux cas, l'évaporation dans la plaine est intense et réduit les apports potentiels au lac.

Dans cette région semi-aride, les ressources en eau sont fondamentales pour les activités humaines et la biodiversité. La connaissance des processus physiques – quelle pluviométrie ? D'où vient l'eau ? Que devient-elle ? – est l'étape préliminaire à la gestion des ressources hydriques dans les différents réservoirs hydrologiques que sont les lacs, les rivières et les zones inondées. Mon travail est centré sur la compréhension

---

[5] Un lac endoréique est un lac fermé, sans exutoire naturel.

[6] Au Sahel, la saison des pluies est aussi appelée hivernage.

physique des phénomènes. Il se situe à l'amont de la gestion des ressources en eau qui fait appel à des disciplines et des méthodes – sociologie, économie, agronomie – dont mon laboratoire est dépourvu. De plus, des chercheurs camerounais travaillent déjà sur les relations entre l'eau et les activités humaines. Il est donc important d'approfondir la connaissance de la physique des processus hydrologiques de cette région.

Mes activités seront techniques – quels sont les chemins de l'eau ? – et relationnelles – qui fait quoi dans cette région ? Pour ce faire, deux approches, le satellite et le carnet d'adresses.

Le satellite

Le satellite est incontournable pour observer des zones difficiles d'accès, à condition de valider sur le terrain ses informations. Le Yaéré est une région ardue à arpenter du fait de son étendue, surtout quand il est inondé. En utilisant les images du satellite SPOT[7] qui caractérisent tous les dix jours l'état hydrique du sol, j'évaluerai la qualité de ses données en vérifiant *de visu* la mise en eau et l'assèchement dans ma zone d'étude. Les yeux satellitaires ne savent traiter que des zones carrées, appelées *pixel*s ou mailles.

Dans mon étude, les *pixels* SPOT ont une taille de 1 km sur 1 km. La plaine du Yaéré correspond ainsi à 8000 *pixels*. Comme il est impossible de travailler sur la totalité de ces mailles, je me focaliserai sur un échantillon de *pixels* présélectionnés qui posent problème quant à leur interprétation, des *pixels* où se mélangent l'eau à surface libre et la végétation. Les autres *pixels,* secs ou à surface d'eau libre, n'ont pas besoin d'être validés, car leur détection par les algorithmes est fiable.

Les informations acquises par SPOT sont traitées par une collègue, Eva, du Centre commun de recherche (Laboratoire européen à Ispra, Italie). Elles sont actualisées pour les trois dizaines de chaque mois. Pour chacune de ces dizaines, Eva

---

[7] SPOT, Satellite pour l'observation de la Terre, est une famille de satellites de télédétection développés par le CNES (Centre national d'études spatiales), l'agence spatiale française. SPOT-1 à SPOT-5 ont été lancés entre 1986 et 2002. SPOT-6 a été mis sur orbite en 2012 et SPOT-7 en 2014.

génère trois classes d'information, *pixels d'eau libre, pixels humides (eau et végétation) et pixels d'eau libre mélangée à la végétation*. Ce sont ces trois types d'information que je vérifierai *in situ* sur mes *pixels* présélectionnés.

Mon objectif scientifique consiste dès lors à comparer les informations transmises par SPOT avec celles que je constaterai *de visu*. Le satellite voit de l'eau à tel endroit. L'eau est-elle réellement présente à cet endroit ? Est-ce un mélange d'eau et de plantes aquatiques ? Ou est-ce de la végétation seule ? Qu'en est-il sur le terrain ?

Nous sommes en novembre, au début de la saison sèche, et deux mois après la mousson, l'eau est encore présente dans le paysage. Grâce aux informations transmises par Eva, j'irai avec Adama sur les *pixels* choisis pour y vérifier la présence/absence d'eau, de marécages ou de végétation. Guidé par le GPS, les pistes et les habitants, je photographierai et je filmerai. Je relèverai les coordonnées géographiques du *pixel,* je rédigerai le maximum de commentaires sur le paysage, et nous interviewerons des villageois. Je consacrerai mes virées en brousse à ce jeu de détective, privilégiant les zones liminaires où les états de surface se mélangent, où les frontières, variables dans le temps, entre cultures, eau et plantes aquatiques sont confuses.

Le carnet d'adresses

L'investigation documentaire a commencé à Yaoundé, et je la poursuivrai à Maroua. Des ONG, telles que l'UICN[8],ont travaillé sur cette zone. Je sais aussi que l'institut camerounais de recherche, le CED (Centre pour l'environnement et le développement), a une antenne à Maroua qui travaille sur le Yaéré. Il me faudra entrer petit à petit dans ces réseaux, rencontrer des chercheurs, jouer au rat de bibliothèque en quête de rapports, photocopier des données... quand elles existent. Et, si possible, parcourir le Yaéré inondé, le Graal de ma mission !

---

[8] L'UICN, Union internationale pour la conservation de la nature, est une ONG mondiale, majeure dans le domaine de la préservation de la nature et de la biodiversité. Elle a travaillé sur la réhabilitation du Parc Naturel de Waza au nord de Maroua (Cameroun).

Fin de l'intermède scientifique.

Avec Adama, nous commençons à sillonner la brousse.

En panne(s) sur le lac Maga

Début novembre, Adama et moi partons pour le lac Maga, à 80 km à l'est de Maroua. Nous roulons plus de deux heures en 4x4 par une piste chaotique, agaçante pour sacrum, lombaires et autres vertèbres. Le lac Maga, créé en 1979 grâce à un barrage artificiel, est destiné à l'irrigation de cultures de riz. Alimenté par plusieurs *mayos*[9], il déverse son trop-plein dans la rivière Logone, à la frontière camerouno-tchadienne. Je m'intéresse aux bords du lac, ces zones de transition entre eau, terre et végétation. Il me faut donc un bateau. Après moult échanges, et moyennant quelques francs CFA[10], un guide du village de Maga m'emmène pour une croisière en pirogue à moteur à destination des franges du lac où foisonnent les hautes herbes aquatiques et les papyrus.

Le timing prévu pour la navigation est impeccable, car il nous permettra, en fin de journée, de saluer le sultan de Pouss, village proche bordant le lac et le Logone. Ces indispensables visites protocolaires font partie intégrante

---

[9] *Mayo* est le nom donné aux cours d'eau locaux en langue peule.

[10] Le franc CFA, issu de la colonisation française, est la monnaie de la Communauté financière africaine sur deux zones distinctes : les États de l'Afrique de l'Ouest et les États de l'Afrique centrale. Le Cameroun fait partie de cette dernière. En 2008, le CFA était indexé sur l'euro pour une parité de 1000 CFA ≈ 1.5 €.

du travail : ne pas saluer le notable du village alors que j'arpente son domaine serait une grave erreur et porterait atteinte à son statut. Ces personnalités sont d'autant plus importantes qu'elles doublent l'administration officielle et les représentants de l'État dans des domaines comme la justice. Ce rôle de doublure permet de lisser les conflits. J'aime cette activité de relations publiques politico-scientifiques, car elle permet de découvrir des coutumes et des habitats. J'apprécie les échanges sur les problèmes du village – le manque de poissons, la sécheresse, les emplois dans les rizicultures, l'état des pistes –, même si la politique locale, les règles sociales et les relations interethniques m'échappent en grande partie.

La journée aurait pu se passer dans une continuité conforme à mes prévisions. Aurait pu, car après quarante minutes de navigation, les premiers hoquets du moteur signalent le début des soucis. Une bougie encrassée, pas trop grave. Mais une heure après, sous un soleil tropical en pleine forme et malgré une bougie brillante de propreté, notre moteur demeure silencieux et l'embarcation reste soumise à un doux clapotis. Par miracle, le réseau téléphonique permet la mise en place d'un plan B. Après une demi-heure de discussion au téléphone avec un pêcheur ayant fini sa journée, nous rejoignons le rivage à la perche. Attente, échange des moteurs, un gamin embarque avec nous, je ne sais pourquoi, et nous voilà repartis avec une mécanique en ordre de marche.

Nous progressons dans une eau tiède et marronnasse dont l'aspect ne pousse pas à la baignade. Je photographie et je filme, j'enregistre le trajet sur GPS, je note. Beaucoup d'herbes sont dressées vers le ciel, des filaments végétaux flottent entre deux eaux. Le piroguier relève le moteur, la perche remplace l'hélice. Nous glissons, seuls et silencieux au milieu des papyrus. Nous progressons dans une savane aquatique où des chenaux liquides apparaissent puis se dissolvent dans de hautes herbes. Soudain, après avoir traversé ces herbiers, nous arrivons dans une clairière d'eau occupée par des huttes de pêcheurs.

De grosses fleurs blanches, semblables à des nénuphars, parsèment la surface de l'eau. À part le vide étrange d'un habitat déserté, rien d'extraordinaire. Sauf que ces cabanes flottent sur d'épais radeaux-matelas de papyrus. Ces structures flottantes de 3 mètres sur 3 supportent une case construite en roseaux et habitée par une famille de pêcheurs. Aucun occupant, ils sont à la pêche, y compris les enfants, m'explique le piroguier. Une bicyclette est adossée à un mur d'une hutte, mémoire incongrue de la saison sèche. Une nasse est accrochée à un mur. Les papyrus s'engorgeant d'eau, les huttes s'enfoncent petit à petit, d'où la nécessité d'alimenter en herbes le radeau pour assurer la flottaison.

Hutte flottante de pêcheurs sur le lac Maga.

Les familles vivent neuf mois dans ces conditions, me raconte le guide. À intervalles réguliers, leur pêche est récupérée par des acheteurs-piroguiers en échange de sel, farine, etc. Ces conditions d'habitat et de vie sont invraisemblables de par leur précarité, leur remise en cause incessante, comme si l'absence de fondations de leur logement faisait écho à leur fragilité sociale. Et *quid* de la scolarité des gamins, embauchés par leurs parents en période de pêche ? Sans compter les moustiques, le paludisme, les amibes... Quant à l'eau, enfants et adultes boivent celle du lac. Sans filtre.

Tu n'apprends pas la patience, tu es confronté à elle, elle te titille, elle te déforme et te façonne. Son rire africain te fait la nique. Elle t'oblige à te couler dans un fonctionnement que tu négocies avec elle, heure après heure, malgré ta vigilance plus ou moins résistante. Au gré des situations, tu développes une méthode en deux étapes :

Un, apparition du problème. Aujourd'hui le moteur de la pirogue est *gâté*, demain les freins du 4x4 seront inopérants. Pas d'Inter Mutuelle Assistance, tu constates et tu acceptes.

Deux, gestion de la crise, l'exercice qui met à l'épreuve. Revenons à ta pirogue. Dès la panne, ton cerveau, baigné d'efficacité et d'organisation, projette un plan B pour le futur immédiat : revenir au rivage, repartir avec le nouveau moteur, effectuer ta croisière et rentrer. Et les palabres avec le sultan seront préservées. « Mais voilà que » de retour sur la berge après une heure de navigation à la perche, le pêcheur de secours est absent, vous le cherchez, ah oui, il pêche encore, tu ne peux pas lui en vouloir de gagner sa vie. Il arrive, il débarque ses poissons, il va chercher l'essence, il revient, il fait le plein, et te voilà reparti sur les flots bruns. La solution initiale, efficiente et diligente, s'est muée en une issue étirée dans la durée.

Le travail a été retardé mais effectué.

T'en souvenir à la prochaine péripétie.
Et de toute façon, le sultan était absent.

La projection dans une organisation est habituelle et efficace en France. Mais ici, cela ne fonctionne pas. Le qualitatif doit se marier avec le quantitatif prévisionnel, le futur est tenu d'intégrer l'incertitude. Ça marche, mais c'est différent.

« En Afrique, y a pas de problèmes, y a que des solutions. »

Ou alors,

« Vous avez la montre, nous avons le temps. »

L'absence du sultan me donne le temps de découvrir les environs. Je marche le long de la digue. À ma droite, la surface du lac, d'un bleu-gris brillant, aveuglant sous le soleil de l'après-midi. Devant moi, la digue et sa piste en terre, parcourues de cyclistes et de marcheurs, de pêcheurs et de lavandières. À ma gauche et en contrebas du barrage, les formes géométriques des rizières, tramées de chenaux d'alimentation et de drainage et alimentées par l'eau de la retenue. Le lac est aussi utilisé pour apporter un débit minimum au Yaéré qui déroule sa plaine à l'aval de la digue. Celle-ci est pourvue de vannes hydrauliques censées réguler les volumes en transit, mais ces structures sont en fin de vie, faute de maintenance. Tant mieux pour les lavandières qui y sèchent leurs boubous, patchwork coloré déposé sur béton et tubes d'acier.

À l'extrémité est du barrage, j'arrive au Logone qui borde le lac. Cette rivière-frontière avec le Tchad reçoit le trop-plein d'eau de la retenue à l'époque des hautes eaux, ce qui est le cas actuellement : le lac se déverse dans la rivière par-dessus un simple seuil en béton. Cet ouvrage profite aux locaux qui l'utilisent pour leurs ablutions personnelles ou celles de leurs motos, pour la lessive ou comme aire de jeux pour les enfants. Les sabots dans l'eau, un cheval est shampouiné tandis que des pêcheurs lancent leurs éperviers. Des Tchadiens profitent d'un gué hors système douanier pour franchir la frontière. La ligne de démarcation politique n'entrave pas la circulation des personnes qui, de toute façon, appartiennent à la même ethnie.

Déversement de l'eau du lac Maga (à droite)
vers le Logone (à gauche).

Flux de l'eau
Écoulement du paysage
Herbes horizontales imprégnées de fumées verticales
Les poissons ruissellent dans les mailles de filets
sous la surveillance d'échassiers
Méandre après méandre
les humains disséminent leurs traces
Ici
Où la convivialité côtoie la violence
Dans la réalité des sinuosités invisibles pour les livres
et les algorithmes
Traverser à pieds mouillés d'une berge à l'autre

Contrebande, échanges, pêches
Et naviguer vers un lointain invisible
Où fusionnent Logone et Chari
Où se baigne N'Djamena
Paysage liquide infini

Adama me fait signe, il faut s'activer, rentrer avant la nuit. Nous repassons par les nids-de-poule et autres protubérances routières pour atteindre Maroua à la tombée de la nuit.

UN BLANC EST UN ÊTRE SINGULIER

Un Dieu tout puissant existe, le Blanc. Je l'ai rencontré en me côtoyant, et il m'est difficile de ne pas jouer ce rôle que tout le monde attend. Les situations l'imposent, surtout à Maroua où la communauté blanche est clairsemée. Si un Blanc – par exemple, moi –, arrive à l'impromptu dans une assemblée, style un pot de thèse ou un banquet de fin de jeux sportifs universitaires, le voilà placé en première ligne, à côté de la nouvelle doctorante ou des notables ou du recteur. Ses activités ne sont pas en lien avec la raison d'être de l'assemblée, mais il est impensable que ce Blanc soit relégué comme un élément anodin de l'assistance. Curiosité, plaisir d'accueillir, habitude, il est difficile de savoir. Tout le monde joue son rôle, dévolu, semble-t-il, depuis que les visages pâles ont montré la supériorité de leurs techniques, argent et armes. La situation est injuste, affligeante, « cliché », mais résister au poids de l'histoire est ardu, d'autant que la majorité, blanche ou noire, ne semble pas désirer en sortir. Je ne me sens pas responsable de ce que mes ancêtres ont réalisé à l'encontre des sociétés africaines à une époque où je n'étais pas né.

Pourtant, le théâtre où évoluent Noirs et Blancs est nimbé de cette histoire et les personnages ont du mal à se défaire de leurs représentations. Il est clair aussi que les relations politiques entre états africains et occidentaux, dont la France, restent fortes. Elles se nourrissent de nouvelles interdépendances économiques où investissements financiers, industries minières et stratégies énergétiques et militaires prolongent l'histoire passée. Lors de ces rencontres brèves, ces contextes sont présents, sans pouvoir démêler la sincérité, le jeu et l'intérêt. Du moins dans mon ressenti de néo-arrivant.

Ici, un Blanc parmi les Noirs est une singularité, et pas seulement pour une histoire de couleur. Que fait-il là ? Où va-t-il ? À quoi utilise-t-il son argent ? Car il en a, de l'argent, à voir les prix qui grimpent lorsqu'une peau blanche se profile. Quand Adama ou Petit-Jean vont acheter de la viande grillée ou des fruits, ils me le disent, « Attends un peu avant de nous rejoindre, si tu arrives trop tôt, ça va *gâter* le marchandage. »

Alors je patiente, sous les yeux curieux des locaux. Je dois paraître intéressant à attendre dans mon 4x4. Car la couleur laiteuse de mon anomalie cutanée, même nuancée par le soleil, est repérable. La présence de cette anomalie peut aussi ne provoquer qu'une totale indifférence : les habitants vaquent à leurs occupations sans manifester le moindre intérêt à ce Blanc qui photographie de l'eau ou se délecte d'un riz sauce à la terrasse d'un restaurant. Ces moments sont ceux que je préfère, je les savoure pour la détente d'être à une place adéquate, comme transparent. J'aime cette indifférence, celle d'un monde utopique où les disparités, au moins extérieures, ne seraient plus source de curiosité ostentatoire. Seuls les enfants ont le culot des enfants pour se planter droit devant l'individu bizarre en l'auscultant avec le plus grand sérieux du monde.

Le crépuscule arrive tôt et les soirées sont parfois longues dans ma grande case. Je pourrais me rendre en ville, mais j'ai des scrupules à mobiliser mon chauffeur attitré, surtout après une journée de brousse. Pourtant, au bout de deux semaines, je me lance, et après mon souper, je m'installe au volant de mon Toyota Land Cruiser, direction le centre-ville. Objectif : consulter mes mails et récupérer des données à l'hôtel Le Sahel, celui à l'architecture mauresque de mon arrivée, où se trouve le seul cybercafé de Maroua qui tienne la route.

Le gardien ouvre le portail, il me salue avec discipline. Je sors de ma concession. Je conduis comme jamais je n'ai piloté une voiture, à la vitesse d'un escargot. J'aiguise mon regard à travers la poussière trouée par les phares. L'éclairage public se limite aux néons des échoppes, aux feux des cuisines-restaurants des trottoirs et aux lueurs mouvantes des motos. La consultation des mails reste aléatoire, le téléchargement de données est chaotique et parfois réduit à néant par une coupure de courant, mais ce cybercafé matérialise le lien avec la famille, les amis, les collègues. Plus ou moins satisfait, je redémarre mon 4x4, soignant ma marche arrière et son manque de visibilité. Je rentre, le gardien m'ouvre le portail et me salue à nouveau et je réintègre mes pénates.

Les gardiens, c'est une institution. Dans ou devant l'enceinte des maisons, ils sont incontournables. Auparavant, les gardiens étaient issus du voisinage, de la famille ou des réseaux de proximité. Maintenant, la sous-traitance à des sociétés privées est de rigueur. Ils font peine à voir dans leur uniforme. Ils restent ce qu'ils sont, plus des symboles que des guerriers. Costumés ou non, jeunes pour la plupart et non armés, ils sont impuissants en cas d'effraction. Leur rôle de défenseur reste symbolique : l'année précédente, le gardien de ma case n'a pas pu empêcher le braquage armé du 4x4 d'un *IRDien* juste devant le portail. Leurs attributions sont pacifiques : nettoyage du jardin, ratissage du gravier à 6 h du matin, contrôle placide des visiteurs – lors du passage d'un collègue camerounais, le gardien m'apporte avec respect sa carte d'identité pour vérifier s'il peut entrer –, garde-à-vous à mon arrivée ou départ, ouverture/fermeture du portail. Il faut gagner sa vie et celle de sa famille. J'ai mis du temps à m'accoutumer à cette situation ambigüe. Je n'ai pas été éduqué à côtoyer du personnel de maison.

Avec mon petit poste radio barguigné au marché, mais impuissant à capter les ondes camerounaises, je suis devenu un *aficionado* de Radio France Internationale, RFI pour les initiés. Les nouvelles viennent du continent africain, et surtout de la République démocratique du Congo. La guerre sévit dans la région de Goma, au bord du lac Kivu à la frontière avec le Rwanda. Cette zone écope des restes du génocide rwandais où s'obstinent des luttes sanglantes entre bandes guerrières. Il paraît que les guerriers de l'Armée de résistance du Seigneur (!) ont pris des enfants en otage pour les emmener dans la forêt après avoir tué leurs parents. Suit le témoignage d'une fillette qui s'en est échappée. Désespérance, impuissance, colère. Je ne connais pas l'historique des événements qui ont conduit à ces désastres, à part la guerre génocidaire du Rwanda dans les années 90, mais nul besoin d'être historien pour se sentir révolté. Nous sommes en 2008, et les rancœurs, désirs de vengeance et appétits de pouvoir restent à vif. Comment en arriver là ? Drogue des idéologies ? Drogue des gris-gris protecteurs ? Drogue des enfants-soldats ? Drogue économico-colonialiste ? Drogue tout court ? Ces addictions à la violence ne sont pas spécifiques à l'Afrique, mais je connais peu l'histoire de ce continent et mes questionnements sont nombreux.

La présence au monde, là ou ailleurs, n'est qu'une loterie, parfois sinistre.

Aujourd'hui, 4 novembre 2008, jour d'élections américaines. J'écoute la radio, Barack Obama va sans doute devenir le premier président noir des USA. C'est une bonne nouvelle, mais pour lui, le plus dur reste à faire.

RITUELS

Au lendemain du pari gagné d'Obama, la gouvernance US n'est plus mon problème.

Réveil à 5 h 30, préparation des cahiers, GPS, cartes, appareil photo et caméscope, crayons. Quatre bouteilles d'eau congelées – idéales pour garder l'eau fraîche toute la journée –, vache qui rit, sardines, baguette, batteries, mètre, élastiques-et-adhésif-ça-sert-toujours. Ne pas oublier le kit de survie au cas où nous resterions plantés dans la brousse : sac à viande, moustiquaire, chemise à manches longues et lotion antimoustique. Départ à 7 h pour Yagoua, petit bourg situé au sud-est de Maroua au bord du Logone. Deux heures de conduite menée tambour battant. Et pour une fois, le goudron est en bon état. Un cycliste a manqué valdinguer sur notre capot en traversant la route juste devant nous pour rejoindre une femme qui vendait des poulets. Il s'en est fallu de peu qu'il ne goûte plus jamais à ces gallinacés.

Après Yagoua, nous recherchons un point satellite au bord du Logone. Le nez sur le GPS, j'aide Adama à négocier sa conduite sur une piste sableuse jusqu'à nous trouver bloqués par l'eau. Excellente nouvelle ! Au vu de l'historique satellitaire envoyé par Eva, nous avons la confirmation visuelle que cette zone a les pieds humides en période de hautes eaux. Et puis, rien à voir avec la science, mais quoiqu'il arrive, j'aime rencontrer l'eau ! Photos, enregistrement des coordonnées, prise de notes et retour à Yagoua.

Au village, j'ai rendez-vous avec Robert, l'adjoint au Directeur général de la SEMRY[11], la société de riziculture parapublique qui gère l'eau du lac Maga. Mais la présence d'un ministre dans le coin a retardé notre rendez-vous. En attendant dans l'entrée du bâtiment, j'assiste à l'exclusion manu militari d'un gars venu réclamer je ne sais quoi, mais qui a fait l'erreur d'arriver à moitié saoul. L'incursion de l'alcoolisé a déplu à la secrétaire qui s'est énervée et qui l'a expulsé dehors, une impressionnante et brutale montée d'adrénaline ! Une violence à fleur de peau peut éclater pour un oui pour un non. Je le vois chez mon chauffeur, un ultra-calme pourtant, mais que je sens parfois à la limite de sortir du cadre.

Le Directeur adjoint arrive après une heure d'attente. S'ensuit un entretien professionnel sur l'utilisation de l'eau du lac, la riziculture et ses problèmes économiques. Il met à ma disposition nombre de documents, mais je regrette que le calendrier des mises en eau des rizières ne soit pas disponible. Cette chronologie aurait été précieuse, car elle m'aurait renseigné sur l'évolution du statut des parcelles rizicoles, sèches, inondées ou végétalisées. Les champs, de formes rectangulaires, sont repérés avec précision par le satellite : nous aurions pu valider la présence/absence d'eau sur ces surfaces cultivées.

Nous quittons Yagoua à la recherche d'un deuxième *pixel* satellite au bord d'un petit yaéré à 20 km de là. Nous roulons deux heures pour parcourir cette distance grâce à un prétendu guide que nous avons embarqué et qui ne connaissait pas les lieux plus que nous. Résultat : 50 km

---

[11] SEMRY : Société d'expansion et de modernisation de la riziculture de Yagoua.

supplémentaires de piste et deux heures volatilisées dans la chaleur de l'après-midi. Même si nous traversons des villages et des marchés typiques agrémentés de cochons et de poulets-bicyclettes – je n'ai jamais su si l'expression signifiait que ces gallinacés étaient aussi maigres que des rayons de vélo ou qu'ils voyageaient attachés au guidon. Nous trouvons la bonne piste, finissons à pied à travers des champs de manioc et de mil rouge. Nous étions partis à deux, et grâce à un prompt renfort local, nous arrivons à huit au bord de l'eau. Au milieu de gens curieux et affables, Adama interprète et me traduit leurs discours. Travail de routine. Puis je réalise une petite séquence-souvenir vidéo où je mets en scène l'équipe en train de discuter devant une carte et d'ausculter l'horizon. Ils adorent être filmés et se révèlent d'excellents acteurs. Puis la petite troupe repart à pied entre mil et manioc.

Sur la route du retour, Adama me passe le volant. Je peux m'entraîner à la conduite hors ville, sur ce goudron droit et vide de tout véhicule. La vie serait belle si peu de temps après, un bruit sourd ne venait interrompre ma prestation. Arrêt et auscultation du monstre : surchauffe d'un frein à disque qui fume. Voilà, la mécanique est *gâtée* ! Adama reprend le contrôle des évènements, je n'aurai pas conduit longtemps. Nous repartons avec lenteur, nous nous arrêtons à un marigot et un seau d'eau sur la roue rafraîchit le disque. Nous continuons à 50 à l'heure, il reste 160 km à faire, il est 16 h et dans deux heures, il fera nuit. Aucune envie de rester le soir dans le coin, un Blanc avec une voiture en rade dans la brousse, c'est le coup de bambou garanti chez le premier garagiste. Et Adama n'a qu'une envie, rentrer et cuisiner chez lui, à Maroua, les carpes, un de ses poissons favoris, qu'il a achetées au marché de Yagoua.

La nuit fraye son chemin, la fraîcheur nocturne abonde en odeurs de terre sèche, de bétail, de feux. La lune se manifeste. Et je n'arrive pas à me soucier de nos ennuis mécaniques. Adama conduit à 40 km/h max., et je le sais, la solution existe. Dans la pénombre, des ombres s'agitent : réparer un vélo, marcher sur la piste, cuire de la viande, se laver dans une mare. Conditions de vie ultrasimples, juste au-delà de la survie. Des bouts de ficelle, des riens, un monde éloigné du mien. Même si j'ai le goût d'une vie simple, je ne pourrais pas y vivre. Je les côtoie et nos univers se frôlent.

À l'arrivée à Maroua, un cadeau : Adama et son amie, A., m'invitent à manger du poisson en sauce, de ceux que nous avons ramenés. Et surtout, grande délicatesse, des frites. Eh oui, des frites ! Délicatesse, car, à notre retour de brousse quelques jours avant, j'avais partagé avec Adama un phantasme inopiné de frites : nous avions mangé du riz – encore ! – avec notre poulet, mais pas de frites. Du coup, son amie en avait préparé, et ça m'a touché. Je découvre son logement, une grande pièce, simple, un ample tapis au sol, un vieux buffet, une bouteille de gaz pour la cuisine, une télé, le tout dans un quartier populaire, envahi de musique en continu et de *bil-bil* – boisson fermentée à base de mil que je n'apprécie guère. Je partage une autre tranche de vie camerounaise, plus intime. Cela valait le coup de rentrer à Maroua… mais demain, il faudra raccommoder le 4x4. En prenant congé, mon manque de souplesse refait surface. Manger en tailleur est possible, mais mes genoux ont renâclé à leur dépliement final.

Adama me ramène sur sa moto, traçant dans la fraîcheur nocturne. De retour dans ma chambre, je saute dans mon lit, entre draps et moustiquaire. Un gros machin noir brillant, cafard ou scarabée, traverse le sol de la chambre. Pas grave, je dors déjà.

Fin de journée typique et atypique.

Au bout de 2 à 3 semaines, les rituels sont en place. Les réveils sont rudes, trop précoces pour ma sensibilité matinale. La prière musulmane du matin devant s'achever avant le lever du soleil, l'appel du muezzin démarre un peu après 5 h. Dans le sommeil léger de l'aube, je les perçois bien, ces chants sonores et rauques qui se propagent de minaret en minaret. Ils sont repris par les coqs des alentours qui poursuivent la prière à leur manière. Puis le gardien ratisse le gravier autour de la case, juste ce qu'il faut de raclements sonores pour m'éviter de replonger. La terre entière se ligue contre mon sommeil. Mon émergence matinale se conclut par une douche froide, ou qui me parait tiède tant l'aube est frisquette. De toute façon, l'option eau chaude n'est pas comprise dans mon 4 étoiles.

Sous un ciel dont le bleu-violet limpide s'éclaircit, je fais mon petit tour dans la cour et je salue le gardien qui prépare son thé.

Mon petit-déjeuner, pris sur la terrasse, est un *must* de Blanc occidental : thé Lipton, baguette quasi parisienne décongelée, beurre et marmelade sur fond d'infos RFI.

La journée se déroule soit en brousse à récolter des données, soit dans ma case à classer et informatiser ces mêmes données, soit en rendez-vous avec les partenaires locaux. Parfois, je pars hanter les armoires abandonnées d'une ONG où des dossiers poussiéreux m'attendent avec impatience.

En brousse, les pauses repas à l'ombre du 4x4 sont à base de vache qui rit, tomates, œufs durs, sardines, avocats – de vrais avocats qui n'ont pas voyagé dans les frigos. Quand nous nous arrêtons dans un village, Adama choisit un resto tables et chaises en plastique avec son parasol et ses sodas frais où nous dégustons un riz sauce tomate avec ou sans viande, immergés dans l'activité villageoise. Un de mes moments favoris.

Quand nous revenons de brousse, le rituel-soir est plus long, suite à la fatigue, à la poussière, aux tâches de rangement du matériel. Après une journée passée à être ballotté sur les pistes bosselées, à arpenter champs et rizières, à discuter de l'absence/présence d'eau avec les paysans et à me protéger de la chaleur, la lassitude est là.

La cérémonie du soir post-brousse démarre avec l'apéritif au troquet du coin, Coca pour mon chauffeur, islam oblige... quoique parfois... et bière Castel pour moi sur fond de soleil couchant. Pour peu que l'endroit soit calme, l'arrêt est délicieux : se poser, détendre ses disques vertébraux malmenés, savourer la fraîcheur du produit phare de la Société des Brasseries du Cameroun, sentir la proximité de la douche – celle qui évacuera poussière et chaleur accumulées –, s'échanger des banalités. Laisser le regard flâner sur les habitants et leurs occupations du soir. Le ciel s'étoile, les stars sont visibles dès 19 h. La journée s'est bien passée, que désirer de plus ? Il faut dire que travailler avec Adama est un vrai plaisir. Il a beaucoup collaboré avec les *IRDiens* et il est un habitué des missions terrain. Il n'est pas que mon chauffeur attitré, souriant et d'une humeur égale. Il a monté sa propre boutique de services en informatique, mais il est aussi un homme de terrain. Toujours habillé avec soin, il sait résoudre les problèmes quand il le faut et se montrer curieux du travail que j'effectue sous ses yeux. Placide, il est de bonne humeur à toute heure.

En me reconduisant vers ma case, Adama recrute au passage un taxi-moto qui nous suit et qui le ramènera une fois arrivés chez moi, faute de circulation le soir. Sentiment bizarre quand les phares éclairent le portail gris métallique devant lequel le collègue s'était fait braquer son 4x4 neuf. Quelle idée, aussi, un véhicule neuf ! L'âge de mon Toyota Land Cruiser suranné me rassure.

J'entre dans ma case. Douche, re-douche et re-re-douche, tout habillé pour rincer pantalon et tee-shirt, et ensuite pour le plaisir. Le délice est limité car la vidange est en partie bouchée. Puis des vêtements propres, dont une chemise à manches longues, de rigueur à l'heure du décollage des moustiques.

Je démarre la clim. Comme moi, les *Anophèles*[12] n'aiment pas ce froid brutal. Branchement du 5 sur 5 électrique, un truc sophistiqué et inefficace mais bon pour le moral. La crème dont je me tartine est compétente, elle, pour éloigner les porteurs de palu. Dans le salon, un petit serpentin répand ses fumerolles agréables. La malaria n'a qu'à bien se tenir.

Je m'oblige à ranger le bazar de terrain, cartes, caméra, notes. À mettre en charge les batteries et sauvegarder les données GPS et les photos. La perte des données est ma hantise. Je crains les coupeurs de route pour cette raison. Voir disparaître argent ou passeport m'est égal, mais que le travail de terrain s'évanouisse, cela me serait insupportable !

Si je sens la fatigue, un petit frichti à base de salade composée maison. Parfois, je me laisse tenter par un extra. À dix minutes à pied, un resto sympa, le relais Porte Mayo tenu par des Français, offre une cuisine africaine matinée d'européenne, ou l'inverse, style cuisse de canard aux mangues.

Puis, en fonction de ma fatigue, de mon humeur, de mon courage, je bosse (un peu), j'actualise mes données dans mon cahier de terrain et je consigne les anecdotes personnelles du jour dans mon joli cahier.

---

[12] L'*Anophèle* est un moustique responsable de la propagation du paludisme, ou malaria, en transmettant le parasite *Plasmodium* à l'être humain ainsi que parfois à des animaux.

Enfin, direction ma chambre et son lit – je me couche de plus en plus tôt – : éteindre la clim, border la moustiquaire avec soin et lire à la frontale sous ce baldaquin blanc. Une vraie vie de château.

Ces simples habitudes sont devenues tes rituels, une routine que tu aimes baliser en marqueurs de l'espace-temps, mélange de rythmes personnels et d'alternances imposées de l'extérieur. Ces jalons marquent les frontières de ton nouveau territoire, ils structurent une chronologie où tu es livré à toi-même. Sans être identiques d'un soir à l'autre, ils agencent un cadre qui te libère. Et comme l'inattention est toujours possible, cet habitus quotidien minimise tes négligences et oublis qui pourraient être fâcheux pour tes activités sur le terrain.

Conférence hydrologique sur un pont en béton

Élargissant mes déplacements terrain, je prévois de parcourir l'extrême nord, la partie resserrée du Yaéré. La destination finale est Tildé, le village qui marque la sortie de la plaine d'inondation. Cet exutoire, du nom d'El Beïd, est un point clef du système hydrologique du Yaéré. Si l'eau coule en ce lieu, la mesure du débit donne une estimation des volumes d'eau qui sortent de la plaine et qui vont alimenter le lac Tchad au nord. Des mesures y ont été effectuées dans le passé, mais depuis plusieurs années, les observations ont été abandonnées, faute de financement. L'idéal serait de retrouver l'observateur local, s'il est toujours là, et de lui demander de reprendre du service.

Étant dépourvu d'appareils hydrologiques, je bricole dans ma case le matériel nécessaire pour mesurer vitesse et niveau d'eau. La vitesse est mesurée avec une bouteille en plastique, lestée pour flotter à la verticale et peinte en un blanc ostensible. L'opérateur chronomètre son déplacement entre deux amers disposés sur la rive. Pour estimer les profondeurs, une ficelle bleue de 10 m, marquée d'un nœud peint en blanc tous les 10 cm, fait l'affaire. Mais il faut la lester avec du dense, du poids.

Au quartier des ferrailleurs de Maroua, Adama négocie avec le chef d'un atelier. Le choix se porte sur une barre d'acier, 50 cm de long, 10 de large et 2 mm d'épaisseur, du costaud. Elle sera débitée, trouée et percée pour y attacher la ficelle. Je m'attends à la scie à métaux, à la perceuse à main, à l'établi, bref aux outils basiques, mais il n'en est rien. Le ferrailleur sort une massette, un burin et cisaille l'acier à coups vigoureux. Avec un poinçon, il fait un trou dans chaque morceau, toujours à renfort de masse. Le gars et ses muscles savent y faire. En 15 min, le travail est plié pour un coût de 2000 CFA. Inutile de marchander, c'est vite et bien fait. Tout autour, des échoppes, des rebuts métalliques rouillés, des ferrailleurs, des qui bossent, des qui regardent, des qui mangent, des qui dorment dans la chaleur et la poussière de la terre, ainsi va la vie et je m'en retourne heureux de mes petits bouts d'acier.

Pour les jaugeages[13] à effectuer à partir d'une pirogue, je fais fabriquer une règle en bois de 2 m, blanche et graduée de tirets bleus, plus facile à utiliser en bateau que la ficelle marquée. Je laisserai cette règle à l'opérateur-piroguier qui la plongera dans l'eau pour en évaluer la profondeur. Couplé à la mesure de vitesse, le débit sera estimé à… plus ou moins 25 % ! Je me sens fier de cette règle colorée et professionnelle, résultat du travail effectué par un artisan peintre.

La veille de notre départ pour le nord, mon chauffeur-guide-traducteur m'a de nouveau invité chez son amie A., laquelle a préparé de la viande et du riz avec une sauce à l'oseille de Guinée, le *folleré*. Succulent. Soirée sympa, décontractée, simple. Mes interrogations de néophyte fraîchement débarqué m'ont susurré d'interpréter ce geste comme une relation « commerciale ». Mais non, j'étais

[13] Un jaugeage est une mesure du débit – quantité d'eau par unité de temps passant en un point donné – qui peut être réalisée de différentes manières selon le contexte hydrologique (importance du débit) et morphométrique (géométrie des berges) du cours d'eau : traceur coloré ou chimique, moulinet équipé d'une hélice et immergé dans l'eau, flotteur, sonde à effet Doppler, etc.

idiot, il s'agissait juste du plaisir de faire découvrir un plat africain et d'entretenir le côté agréable de notre relation. Car, je l'ai déjà dit, travailler avec Adama est un vrai plaisir.

Pourtant, savoir décrypter une relation à ses débuts et *a priori* sympathique peut éviter de potentiels désagréments.

J'ai en mémoire un malentendu lors de ma mission 2007 où un collègue africain m'avait initié au terrain durant trois jours : visites de sites, discussions hydrologiques, spécificités de ces paysages plats et arides de saison sèche. Tout s'était bien passé, et l'imbroglio est arrivé une heure avant mon retour vers N'Djamena, pour une histoire d'argent. Le collègue m'a réclamé des frais de mission, ce qui n'avait été ni prévu ni discuté au préalable – erreur de ma part ! J'avais financé ses frais de terrain, et comme la mission se déroulait à prix coûtant, je fonctionnais en frais réels, de beaucoup inférieurs aux *per diem* officiels, ceux-là mêmes que me réclamait mon collègue. Il ne m'a cru, ni sur mes non-indemnités, ni sur la faiblesse de mon budget. Après des négociations pénibles, j'avais lâché du lest et je l'avais quitté en froid. Je gardais de cette aventure un goût amer, couplé à une vague méfiance qui ne me plaisait pas.

Pour nous rendre dans le nord, nous utilisons la seule route de communication entre Maroua et N'Djamena. Cette voie passante est en bon goudron, mais elle est sujette aux incursions des coupeurs de route qui peuvent se réfugier au Nigéria tout proche. Les patrouilles militaires étant des plus rares[14], il est déconseillé d'y

[14] Ma mission a eu lieu en 2008. Depuis, les actions terroristes de Boko Haram ont créé de nombreuses tensions dans cette région, dont des attentats à Maroua en 2015. La présence militaire s'est accrue. Après 2017, le calme est revenu, les conflits s'étant déplacés dans les îlots du lac Tchad et dans la forêt de Sambisa au sud de Maiduguri

rouler la nuit. La sécurité pourrait se renforcer si le gouvernement y mettait les moyens, mais celui-ci hésite à fournir aux militaires des équipements performants... utilisables dans un éventuel coup d'État.

Avec notre matériel de mesure d'hydrologie *made-in-local*, nous quittons Maroua tôt le matin, longeant la frontière nigériane. Quand j'avais traversé cette région en saison sèche, j'avais découvert un pays plat et grisâtre, parfois sableux, hostile, parsemé d'herbes déshydratées et d'arbustes décharnés. En fin d'hivernage, le paysage est tout aussi plat, mais les reliquats de précipitation, stockés dans les bas-fonds et les mares, permettent à la végétation de subsister. Le paysage est vert. Des plants de sorgho agrémentent les bas-côtés de la route d'agréables touches de couleur printanière. Je découvrirai plus tard les incroyables quantités d'eau en circulation au cœur de la plaine elle-même.

En cours de route, je vérifie quelques *pixels* satellite. Adama me donne un coup de main, élargissant ses compétences de CGT – chauffeur guide traducteur – à celles de vidéaste et utilisateur de GPS.

Nous traversons Waza, au cœur du Parc National éponyme. Cette réserve de biosphère, labellisée par l'UNESCO, est célèbre pour sa faune sauvage, girafes, éléphants, oiseaux. Ce lieu est un *must* touristique au Cameroun. Ou plutôt était, car depuis 2010, la proximité des djihadistes nigérians de Boko Haram a fait fuir les visiteurs. Mais en novembre 2008, l'ambiance est calme, à part les nuées d'enfants obstinés à vendre des poches en plastique garnies d'un jus de fruits coloré supposé potable et désaltérant.

(Nigéria). Néanmoins, des problèmes subsistent, entre autres ceux des réfugiés et des anciens combattants de Boko Haram.

Nous arrivons à Tildé, dernier village avant Kousséri, la ville frontalière avec le Tchad. Un magnifique pont de béton enjambe l'eau qui sort du Yaéré en sinuant avec paresse vers le lac Tchad. Aujourd'hui, ce pont s'est transformé en garage. Une semi-remorque chargée est en réparation sur la voie unique et bloque la circulation. Alors j'utilise cet ouvrage d'art inutilisé comme salle de réunion où, pendant plus de deux heures, les villageois palabrent sur la situation hydrologique d'El Beïd. À défaut de mesures, mon objectif est de reconstituer un historique hydrologique qualitatif. Adama me traduit les échanges animés du groupe où se chevauchent les avis les plus variés. Dubitatif, je gribouille à la volée sur mon cahier. Je tente de participer aux échanges pendant que ma caméra sur trépied filme la conférence improvisée. J'essaie de reconstruire les présences et absences d'eau des années passées à l'aide d'indices tels que le passage de bateaux ou une sécheresse sévère.

En fin d'après-midi, je retrouve Ousmana, un vieil homme qui a déjà pratiqué des mesures pour l'IRD et pour des hydrologues camerounais. Une courte formation à bord d'une pirogue rafraîchit ses anciennes compétences d'hydrologue, agrémentée d'une indemnité. Puis nous nous dépêchons de repartir pour Waza en franchissant le pont libéré par le camion retapé.

Au campement de Waza, une sensation de richesse m'envahit. Une richesse relative, mais réelle. Ce campement est constitué de *boukarus*, cases traditionnelles en terre. Il a ceci de remarquable qu'il est situé sur une colline qui domine la plaine d'où l'inondation viendra... et où elle s'évaporera. La première fois où j'ai traversé cette contrée, ce paysage plus plat que plat m'avait engourdi par sa monotonie. Maintenant que je le parcours avec un objectif précis, il devient varié, passionnant à observer. Les détails de végétation et des cultures prennent sens. La présence d'eau se traduit par des couleurs, des plantes, des activités humaines différentes.

Une piscine vide trône béante au milieu du campement. Adama me suggère d'y plonger. Je commence à lui parler de la multiplication des piscines privées en France, de leur détection par le service des impôts, de leur lot d'accidents. À ce moment, il me narre le décès de sa fille, 4 ans, morte dans une piscine de N'Djamena alors qu'elle était avec sa mère tchadienne. Douche froide ! Mais aussi, quel besoin avait-il de blaguer sur ce sujet ?

Je suis le seul Blanc, et donc *a priori* touriste, assailli par les vendeurs d'artisanat local. Si un bijou a le malheur de me plaire, les marchands ne me laissent plus tranquille : normal, ils travaillent. Je marchande un peu, pas assez, la motivation est défaillante. Le barguignage n'a jamais été mon fort. J'ai du mal à considérer ces échanges comme un jeu où je n'aurais rien à perdre. Quand un objet me plaît, la négociation devient un désastre de maladresses. Marchander est un jeu social, une coutume incontournable avec le risque que cela n'aboutisse pas. À Maroua, je me suis forcé à négocier une prestation de lessive sous-traitée par mon gardien. J'ai proposé trop bas, et non seulement ce fut un fiasco, mais de plus, je pense l'avoir blessé.

Il est 15 h au campement de Waza. Une brise fraîche te protège du soleil trop zélé. De la terrasse de ta case, tu surplombes une horizontalité qui te convient. Dans une heure, vous repartirez travailler, quand la lumière sera moins blanche et la chaleur moins verticale. En attendant, tu t'immerges dans tes souvenirs, ceux des paysages traversés, des villages poussiéreux, des mendiants adossés aux pompes à essence, des poulets-bicyclettes, des troupeaux en vadrouille avec leur berger, des enfants s'ébrouant dans les marigots. Du forgeron musclé et de sa masse métallique. Des femmes sarclant dans les champs de sorgho. Tu somnoles.

Nous partons ausculter quelques *pixels*, puis retour à Waza. La nuit est là et nous avons faim. Le repas au campement frôle les 10 €, un montant exorbitant qui fait tiquer mon chauffeur. Il est étonnant. L'argent n'est pas son problème car les frais de terrain sont de mon ressort. Il me fait penser à ma mère qui, au restaurant, ne supportait pas de payer plus que de raison un repas qu'elle aurait pu réaliser dans sa cuisine. Nous nous contentons d'une bière et redescendons au village.

Le premier resto propose du couscous de maïs. Pourquoi pas, me dis-je en mon for intérieur et affamé. Mais Adama n'est pas pour, il me confie que ce plat est une pâte solide, pas terrible, que je n'aimerai pas – surtout lui d'ailleurs. Nous déambulons pour atterrir dans une extension de salle à manger privée, déposée sur le trottoir sous un auvent de tissu, une vraie gargote : deux chaises en plastique blanc, une table verte, et deux assiettes d'ignames et de riz sauce tomate accompagnés de viande. Excellent, surtout après nos chocos BN et Cocas de la journée. Pour le coup – et le coût –, Adama est ravi, 2 € au total.

Retour au campement, douceur et nuit étoilée. Dans deux jours, ce sera pleine lune. L'été montpelliérain joue les prolongations sous les tropiques. Légère brise, grande quiétude, une ambiance suspendue m'enveloppe.

Je vais me coucher, demain lever 5 h.

AVION ME LAISSE

L'environnement africain te devient routinier. Tu passes du statut de l'étranger en quête de nouveautés, celui qui dévore tout du regard – même quand cela en devient gênant – à celui qui est le tien en France où tes habitudes chloroforment ta curiosité. Georges Perec décrit avec justesse ce processus de passage de frontière dans « Espèces d'espaces ». Pour l'heure, tu es dans un entre-deux liminaire, oscillant entre familiarité ordinaire et appétit de curiosité. Tu as des affaires à régler, des rendez-vous à organiser et tu parcours la brousse où le touristique importe peu. En même temps, tu restes à l'affût du nouveau.

Magie de la musique numérique. Ce matin la cantate de J. S. Bach, *So Schnell*, m'accompagne dans mon salon, m'évoquant la chorégraphie éponyme de Dominique Bagouet, un danseur montpelliérain. Un autre univers, un temps différent. Je rêvasse un moment avant de me faire un café et de reprendre l'analyse de mes *pixels* humides ou végétalisés.

Virée alimentaire au marché central de Maroua où je zigzague entre les étals, à même le sol, d'avocats, d'ananas, de petites pyramides rouges de tomates et de citrons verts.

Fruits et légumes possèdent des sapidités sans pareilles. La douceur sucrée des ananas se déguste à la petite cuiller. Les avocats décorent mes salades d'un vert tendre et goûteux, et la saveur acide des citrons tient lieu de vinaigre. Les œufs sont de vrais œufs d'authentiques poules, si j'en juge par la quantité d'excréments décorant leurs coquilles blanches. Le magasin en question ne vend que des œufs, des œufs, et encore des œufs, alignés sur leurs emballages de carton emboîtés en piles. Entre l'hygiène approximative et la chaleur diabolique régnant dans cette échoppe, j'ai quelques doutes sur la salubrité de ma source quasi unique de protéines. Finalement, avec un minimum de soin dont le lavage des mains, mon estomac n'a jamais rechigné aux omelettes et aux salades tomates-œufs durs.

Parfois, je reviens du marché avec une bière Castel, un litre de jus de fruits ou une bouteille de Coca. Ces boissons sont destinées à accueillir les visiteurs qui passent échanger quelques mots scientifiques ou conviviaux. En guise de chips, j'offre des arachides décortiquées et grillées, conditionnées dans des bouteilles Johnnie Walker recyclées. Ou bien, encore meilleur, des noix de cajou… que j'ai du mal à garder pour mes hôtes.

Hier soir, avec quatre collègues africains, nous sommes sortis pour un dîner de poissons braisés dans le quartier de Domayo. Ce coin s'appelle *Avion me laisse*, selon la légende d'un voyageur qui aurait dégusté tard dans la nuit les poissons agrémentés de bières en compagnie d'une belle. Et en aurait oublié l'avion qu'il devait prendre, ponctuant son départ manqué d'un « Avion me laisse ! » Une autre légende rapporte les déconvenues de la gargotière principale du quartier qui serait restée en rade à l'aéroport de Maroua, faute d'un billet conforme : l'avion m'a laissée !

Un collègue camerounais est parti commander les poissons avant que nous n'arrivions – toujours éviter l'inflation blanche. Rue sombre, poussière, effluves de poissons grillés et de boucane. Ici est le royaume des braiseuses. Dans des échoppes alignées sur un côté de la rue, des *mammas* badigeonnent d'huile épicée des poissons allongés sur des braseros rougeoyants. Carpes et bars sont servis dans une gamelle métallique, accompagnés de mayonnaise, d'épices et de bâtons de manioc enveloppés dans des feuilles de bananier. Parfois une salade verte assaisonnée... à éviter ! J'ai proscrit de mon alimentation toute crudité des restaurants, et pas seulement pour cause de fragilité d'estomacs blancs : avec générosité, Petit-Jean a ingurgité une de ces salades, et a régurgité avec la même générosité son contenu intestinal le lendemain.

De l'autre côté de la rue, des troquets invitent à la bière et à la musique. Des gamins circulent en vendant des mouchoirs en papier pour nos doigts qui font office de couverts. D'autres enfants récupèrent des plats inachevés pour les finir eux-mêmes. Assis sur un banc approximatif autour d'une table bancale recouverte de sa toile cirée, nous dégustons, nos voix slalomant entre les décibels musicaux. Dans ce foisonnement de vie, il fait sombre, la chair des poissons est succulente, les bâtons de manioc fondent dans la bouche. Sereines et présentes, étoiles et lune se découpent dans la nuit, elles nous observent de leur hauteur avec bienveillance.

En quittant Maroua un jour de brousse, nous avons dépassé un groupe de cyclistes et motards aux vélos et motos chargés de gros bidons en plastique noir de 50 ou 100 litres. Ces courageux trafiquants parcourent 100, voire

200 km pour s'approvisionner en essence nigériane et la revendre au Cameroun à moitié prix du tarif officiel. Au retour de ces voyages interlopes, ils rentrent par des chemins isolés, des sentes de contrebande. J'imagine la conduite plus que pénible, les déplacements chaotiques de ces bicyclettes alourdies sur les pistes de sable, les zigzags des motos entre les ornières. Freins inopérants, crevaisons, chutes parfois. Pénibilité et danger. Il y a quelques jours, un de ces cyclistes a brûlé avec ses bidons, et un autre a été gravement blessé. *Inchallah !* Une autre fois, un taxi-brousse s'est enflammé avec ses bidons sur le toit. *Re-Inchallah !*

Motocyclistes et leurs bidons d'essence de contrebande (dessin de Christian S.).

LE *LAMIDO* EN SA GRANDE POMPE

La fête du mouton, *Tabaski* en Afrique de l'Ouest et Afrique Centrale, ou *Aïd al-Adha* dans la tradition générale musulmane, marque la fin du *hajj*, le pèlerinage coutumier à la Mecque. La *Tabaski* remémore le sacrifice du fils d'Abraham – Isaac ou Ismaël selon les traditions juives ou musulmanes – par son père suite à une vision, sacrifice où le fils est remplacé *in extremis* par un bélier après l'intervention d'un ange. Ce rituel est LA grande fête, celle qui s'étend sur plusieurs jours : préparatifs et cuisson du mouton, puis partage avec la famille et les amis. En cette période les invitations ne faiblissent pas.

Adama, musulman modéré – il lui arrive parfois de boire une bière – m'a invité chez lui pour partager le repas traditionnel. Auparavant, nous parcourons ensemble le centre-ville qui abrite la grande mosquée de Maroua où le *lamido* va venir signifier le début de la *Tabaski*. Le *lamido*, chef local politique et spirituel nommé par un conseil de notables, est à la tête d'un *lamidat*, la chefferie traditionnelle musulmane peule dans le Nord-Cameroun. Dans l'attente de son arrivée, une foule immense est posée dans la ville, calme et disciplinée. Elle occupe l'enceinte de la mosquée, les rues adjacentes et les petites places. Les alignements impeccables et sans fin des croyants, assis ou agenouillés sur leurs tapis de prière, sont sidérants. Les hommes sont revêtus de magnifiques boubous blancs, bleu clair, beiges, ornés de motifs brodés gris. Les éclats multicolores des boubous des femmes, minoritaires, accompagnent les habits endimanchés (!) des enfants. Quelques bavardages de-ci de-là dans l'attente de la prière. Une auto-organisation impressionnante au service de la religion et d'Allah.

Avec discrétion, tu avances au milieu de cette foule avec ton visage pâle, ton jean bleu, ta chemisette beige, ton appareil photo et ta caméra. Tu te cales dans un angle de mur, tu te rapetisses, tu tends vers l'invisibilité. Ta présence n'a rien d'hostile, mais, blanc et non croyant, tu te sens voyeur dans cette foule africaine religieuse. Extérieur à cette croyance, tu es spectateur et en même temps curieux. Ton éducation religieuse te rend familier de cette foule assemblée dans une foi commune, même si tu ne la partages pas. Tu profites du calme avant la prière pour prendre quelques photos discrètes et vidéos furtives, sans demander de permission. Il n'y a que toi pour se poser ce genre de question, personne ne t'accorde la moindre attention.

Dans le quotidien, la vie ici apparaît nonchalante, parfois bordélique. Un laisser-aller qui étire le temps, le rend élastique, qui laisse le travail se faire seul… ou ne pas se faire. Cette vie s'inscrit dans une soumission à ce qui est écrit, à une fatalité religieuse. Opinion rapide et réductrice, car l'islam n'est pas seulement une histoire de foi individuelle, mais aussi un fait social. L'islam organise, il propose un cadre de vie, symbolisé en ce jour par cette organisation géométrique de croyants agenouillés. Il permet à la communauté, au-delà des groupes sociaux, de poser des repères communs. De la même manière que les rituels catholiques – la prière devant la crèche de Noël, les processions de Pâques – réunissaient les villageois aveyronnais de mon enfance, les fêtes musulmanes rassemblent des communautés parfois disparates. Je ne suis pas naïf, je sais que des tensions internes traversent la religion musulmane. Je sais que l'État pakistanais, les Émirats du Golfe et les mouvances intégristes promeuvent un islam cruel pour les tièdes du Coran ; que la charia est aussi violente que l'a été l'Inquisition papale ; que les femmes sont les premières victimes de ces opiums du peuple. Il n'empêche que cette assemblée colorée et recueillie offre un visage apaisant et éloigné des fureurs que propageront plus tard Al-Qaïda et l'État islamique.

Assemblée des fidèles pour la fête de la *Tabuski* à Maroua.

Le faible nombre de femmes est manifeste. La présence majoritaire des hommes dans les lieux de prière et les mosquées me donne une sensation d'irréel. Un tel déséquilibre numérique témoigne d'une injustice, d'un rapport de force social institué au détriment des femmes, même si celles-ci peuvent être cheffes dans leurs foyers.

Le *lamido* apparaît en grande pompe. Chevauchant un cheval blanc décoré de pompons multicolores, son boubou blanc et jaune et son turban immaculé en imposent. Son cheval piaffe dans la poussière, entouré de jeunes cavaliers caracolant sur leurs montures et de quelques notables au boubou noir foncé.

Un grand silence se pose sur l'assistance. L'imam démarre la prière, à laquelle répond le grondement sourd des litanies de la foule. Comme à la messe, tous connaissent les bonnes réponses au bon moment, s'agenouillent, s'enroulent, posent le front dans la poussière. Une chorégraphie exécutée avec rigueur, l'unisson parfait et impressionnant d'une multitude.

Le *lamido* prend la parole pour son prêche, relayé par l'imam.

Et sans prévenir – pour moi ! –, le cérémonial se termine. D'un même élan, la foule se relève, chacun enroule son petit tapis. Des groupes se forment, familles, voisins, amis, puis se dispersent.

Le *lamido* fait ses civilités aux pouvoirs politiques locaux, puis égorge le mouton, signal de départ du grand repas. Des grands repas, devrais-je dire, car chaque famille a son mouton qu'elle va manger grillé, bouilli, en sauce, frit, et qu'elle va partager. Ces repas sont plus qu'alimentaires. Ils sont des prétextes aux rencontres, aux circulations incessantes de familles, de relations, de proches. Des partages qui vont durer deux à trois jours. La solidarité de ces pratiques a été rappelée par le *lamido* dans son prêche. Ces usages ne sont pas spécifiques à l'islam, car la majorité des religions comporte des rites collectifs de partage. Mais ici, ces échanges restent vivaces, beaucoup plus qu'en France où les sermons catholiques exhortent pourtant à la générosité envers autrui.

À midi, je mange du mouton chez Adama. Puis nous allons chez un ami, dans le village de Dogba à 40 km de Maroua. Et rebelote, à l'heure du goûter, du mouton ! On pourrait penser qu'ils mangent avec excès, mais non, ils ingurgitent peu. Peu mais souvent. Ils sont raisonnables sur la quantité. Au demeurant, les obèses sont rares dans la population, à l'exception de quelques notables… et de buveurs de bière invétérés.

L'ami d'Adama est percepteur d'impôts. Un drapeau camerounais – une étoile jaune sur fond de trois bandes verte rouge jaune – annonce l'entrée de sa case où il nous reçoit dans son magnifique boubou beige clair orné de broderies blanches. Deux de ses amis ont revêtu des boubous bleus, de même qu'Adama. Je m'étonne de la beauté resplendissante de leurs habits que ni la poussière, ni la chaleur, ni les repas ne semblent perturber. Pourtant, je vois les femmes laver le linge dans des rivières marécageuses ou des marigots boueux. Mais après avoir baigné dans l'eau maronnasse, le patchwork polychrome des vêtements révèle ses couleurs éclatantes en séchant au soleil.

L'accueil du percepteur est cordial, simple. Il discute sans langue de bois de la situation difficile du pays, des obstacles à l'état de droit et à ses institutions. Parfois je participe, parfois j'écoute la musique de leur langue, le *fulfulde*[15], lequel, bien que parsemé de mots français, m'est incompréhensible. Pourtant, au cours de l'échange, je dresse l'oreille en percevant les mots « coupeurs de route ». Avec une tranquillité désarmante, ils racontent que, le jour même, des brigands ont attaqué trois marchands sur la piste non loin de là. Les voleurs, renseignés sur l'état des portefeuilles de ces

[15] Le *fulfulde* est la langue des ethnies peules. *Fulfulde* signifie aussi peul, ou peulh.

commerçants – des informateurs traînent leurs yeux et oreilles dans les marchés – les ont dévalisés. Puis, ils les ont égorgés au couteau. D'un coup, le mouton a du mal à transiter vers mon estomac et mon rire tourne au jaune pâle. Je ne sais pas si la calme insouciance de mes interlocuteurs face à ces actes de proximité est révélatrice du *Inchallah* fataliste, ou relève d'un simple « pas de chance pour eux ». Je n'ai pas osé le leur demander. Après la traditionnelle photo de groupe du départ, j'ai serré les fesses en roulant vers Maroua. Je dois faire une fixette sur les coupeurs de route, et j'ai l'impression fâcheuse d'être le seul à m'en préoccuper.

Au retour, grande discussion avec Adama sur les ethnies, la politique, la corruption. Le régime politique est organisé pour que jouent les antagonismes de classes, de langues, d'ethnies, de groupes professionnels au profit des pouvoirs en place. Telle est la politique du président Paul Biya, à l'opposé de celle de son prédécesseur Ahidjo. Les ficelles sont grosses, mais cela marche, avec pour conséquence l'impossibilité de constituer une opposition structurée. Quant à la corruption, elle touche tous les niveaux, du gouvernement au village. Elle cimente les relations sociales, créant des interdépendances à chaque niveau de la société. Il est impossible de l'éviter, et toute tentative sociale de création et d'initiative doit passer sous ses fourches caudines. Adama, gérant d'une boutique d'informatique à tout faire, a essayé de se lancer dans les travaux publics. Le travail ne manque pas, car nombre de routes sont inachevées pour cause d'évaporation des CFA. Mais il n'a pu s'affranchir des « taxes » à payer aux politiciens locaux. Pour les individus, il est compliqué, voire risqué, de prendre des initiatives professionnelles personnelles à l'extérieur de ces flux économiques souterrains.

IMPACT DE LA FONTE DES GLACES SUR LA BIODIVERSITÉ SAHÉLIENNE

Pleine lune en ce soir du 10 novembre.

Je mange dans ma case, entouré de moustiques fuyant la fraîcheur de la nuit. Je ne leur souhaite pas la bienvenue.

Mon environnement de travail va changer car demain, Pierre, un hydrogéologue du laboratoire, vient me rejoindre.

Avec Adama, nous partons le 11 novembre retrouver Pierre à Kousséri où coule le Logone-frontière à l'aval de sa confluence avec le Chari. Un long pont en béton marque la limite entre Cameroun et Tchad. Le trafic est intense sur cette voie de liaison. Des piétons, des camionnettes, des troupeaux et des poids lourds traversent sans cesse. Cette agitation, éloignée du calme provincial de Maroua, me perturbe. Pierre passe de justesse, il a failli être bloqué par le troupeau de 13 h : le trafic bovin international a ses contraintes d'horaires sur cet ouvrage stratégique dont la largeur est incompatible avec le passage simultané de bétail et de véhicules.

Au retour de Kousséri, et suite à quelques arrêts permettant à Pierre de découvrir le terrain, l'heure tardive ne nous permet pas d'atteindre Maroua. L'étape de Waza s'impose. Du haut de la colline où sont posées les cases à touristes, je ne me lasse pas du spectacle de cette fin de journée qui vire à la nuit. Venant de l'immense étendue plate qui se prolonge au Nigéria, les troupeaux convergent vers le village. Le ciel passe par toutes les teintes, violette, bleue, avant de sombrer dans un noir profond piqueté d'étoiles. La fraîcheur grignote la chaleur du jour, la Castel dénoue nos langues et Pierre m'informe des derniers potins du labo, des anecdotes aux couleurs parfois surréalistes au vu des 5000 km qui me séparent dudit labo.

Une semaine avant la venue de Pierre, ma vie de solitaire s'était étoffée d'un incomparable compagnon de mission, Christian. L'arrivée de ce Français géographe-sociologue, en mission au Cameroun dans le cadre d'une expertise, a créé un immense appel d'air. Sans exagérer, je dois dire que cette rencontre et les échanges que nous avons eus sur le terrain, autour d'une bière ou à une table de restaurant, ont été de véritables cadeaux. Rien du Cameroun et des pays limitrophes n'est étranger à Christian : dialectes, vie des ethnies, culture, végétation, histoire coloniale. Le tout pimenté de nombreuses anecdotes de voyages.

Et surtout, Christian a le don magique du dessin. Il traduit sur papier toutes ses observations, artisans, paysages, taxis-brousse, militaires et révolutionnaires, animaux, scènes de villages, pièges à poissons. Une multitude de croquis en noir et blanc, réalisés d'un crayon sûr et rapide, et dignes d'une vraie B.D., témoignent de la vie africaine. J'apprendrai par la suite que c'est Christian qui s'est fait braquer son 4x4 à la porte de ma case. Quelques années plus tard, il publiera une synthèse de ses observations pluridisciplinaires[16] sur le bassin du lac Tchad. Dans cet ouvrage de 310 pages, ses textes seront

---

[16] « Des mondes oubliés – Carnets d'Afrique » par C. Seignobos, IRD Éditions (2017).

intimement mêlés à ses propres dessins, dont la minutie et la précision du trait en disent plus qu'un long discours ou qu'une photo.

À partir du 12 novembre, un groupe de chercheurs, tous concernés par des études sur le bassin du lac Tchad, s'est rassemblé à Maroua pour un séminaire informel de quelques jours.

Benjamin, le collègue hydrogéologue camerounais, est arrivé de N'Gaoundéré.

Un hydrologue tchadien de N'Djamena, Jérémie, nous rejoint, accompagné par David, un géologue-paléoclimatologue de Rouen qui effectue sa première mission en Afrique.

Un jour plus tard, Nadji se joint à nous. Cet hydrologue au ministère tchadien de l'Environnement, avec qui j'ai bien accroché, est d'une grande compétence. Il est responsable du réseau de surveillance hydrologique et de la base de données hydro-météo tchadienne. Il connaît l'environnement du lac, les problématiques de ressources en eau et l'impact du changement climatique sur les dynamiques hydriques. Il s'efforce de monter des projets de recherche, mais, dans un contexte politico-scientifique instable et impécunieux, c'est mission impossible. Pour progresser, il lui faudrait partir dans une institution internationale, UNESCO ou Autorité du Bassin du Niger, comme nombre de ses collègues africains qui y officient comme experts. J'aimerais l'associer davantage à nos travaux, mais faute de budget, je ne peux rien lui proposer.

Pendant plusieurs jours, discussions, missions terrain et restaurants du soir ont associé ces différentes disciplines et nationalités autour d'un objectif complexe, déterminer et quantifier les chemins de l'eau dans le bassin du lac Tchad. Je goûte ces échanges pluridisciplinaires, car ils tissent une approche collective de la recherche que j'apprécie, surtout dans ce contexte africain que je maîtrise mal. Le cœur de la recherche réside dans cette confrontation d'idées, d'hypothèses, de méthodes jusqu'à l'apparition d'une vérité provisoire, en attente de la vérité suivante. Je reçois beaucoup d'informations sur le milieu, sur les processus hydrologiques, sur l'utilisation de l'eau et sur les variations du climat. Je me sens débordé par la multitude et l'hétérogénéité de ces savoirs qui vont de la géologie conditionnant la recharge des nappes phréatiques à la modification de la circulation thermohaline[17] impactant l'intensité de la mousson en passant par les carottages de sédiments dans le lac Tchad, mémoire de son histoire paléo-hydrologique. Ces savoirs m'aident peu dans mes crapahutages terrain, mais ils enrichissent ma culture générale. Cette complexité me fascine, celle des interactions à l'œuvre sur notre planète où la fonte des glaces groenlandaises impacte la biodiversité du Yaéré et ses dynamiques sociales.

J'écoute, je note, j'aimerais maîtriser les connexions possibles entre le phénomène *El Nino*[18] du Pacifique et les grandes sécheresses sahéliennes des années 70. Je cherche à relier ce que j'entends avec mes connaissances terrain. Je compense mes lacunes scientifiques par ma curiosité. Je retiens ce qui m'est utile pour décrire le milieu et, plus tard, pour modéliser[19] les écoulements.

---

[17] La circulation thermohaline est la circulation océanique mondiale influencée, entre autres, par les variations de densité de l'eau de mer dues à la salinité et à la température.

[18] *El Niño* désigne une anomalie chaude de température du Pacifique au large du Pérou. Par extension, et suite à des observations, ce terme caractérise un phénomène climatique lié à des variations de pression atmosphérique entre l'est et l'ouest du Pacifique, corrélées à ce réchauffement océanique. Ce phénomène peut induire une extension mondiale de perturbations climatiques extrêmes.

[19] La modélisation hydrologique consiste à développer des équations mathématiques et des algorithmes numériques caractérisant les processus physiques (ruissellement, transpiration de la végétation,

Car, au-delà de ma mission consistant à documenter l'inondation du Yaéré, l'objectif final de mon travail est de simuler les cycles de remplissage et de vidange du lac Tchad. Ce qui implique une compréhension *a minima* des circulations de l'eau sur tout le bassin – 800 000 km^2 tout de même ! – dans le climat saharien du nord comme dans les zones humides du sud. Ces chercheurs africains sont de précieux experts grâce à leurs connaissances du milieu. Il leur est difficile, hélas, de participer aux conférences et symposiums internationaux faute de moyens, mais pour l'instant, ils me transmettent une expérience et des acquis précieux.

Durant ces échanges entrelacés de Cocas et de bières, tu te surprends à rêver en écoutant tes collègues. À te dire que ton job est de calculer les flux d'eau de robinets fluviaux et de gigantesques baignoires naturelles qui se vident, se remplissent, s'évaporent. Et que tu es envoyé en terre africaine pour connaitre le milieu et vérifier tes calculs. Tu te souviens qu'un de tes premiers livres de lecture s'intitulait « Perlette, goutte d'eau », aux éditions du Père Castor – un livre que tu as racheté depuis –, et que la circulation terrestre et atmosphérique de cette goutte d'eau te fascinait. Qu'une légende familiale avait mythifié tes gesticulations et tes cris *Ayo ! Ayo !* dès que tu apercevais la mer de la voiture. Durant ta scolarité, tu n'as pas souvenir de certitude ni de passion pour un futur métier, mais les circonstances t'ont mené à une formation et à des emplois dédiés à ce fluide que tu adores. Devant

---

évaporation, crue, fonte neige/glacier, infiltration) en vue de simuler le comportement hydrologique d'hydrosystèmes tels que lacs, rivières, plaines d'inondation, etc.

un torrent, tu es toujours en admiration pour des tourbillons déferlants qui obéissent aux lois de l'écoulement en mode critique. Et en mer, tu sens avec délices tes pieds s'agiter dans une eau plus froide qu'en surface en raison du gradient thermique prédit par les équations de la turbulence k-ε (si si !). Tu trouves jubilatoire de relier l'esthétique et les sensations aquatiques avec les connaissances scientifiques et de belles équations. Tu expérimentes de plaisantes boucles sensori-rationnelles et tu te trouves chanceux.

Reste que, passés ces moments conviviaux et scientifiques, ma fin de mission approche et que la seule question qui me taraude depuis plusieurs jours est de savoir comment parcourir cette fameuse plaine inondée. Sachant que l'organisation pour une dizaine de jours de navigation implique guides, pirogues, matériel, points d'accueil et partenaires scientifiques. Le Yaéré inondé, OK, je suis à fond, mais quand, avec qui, avec quoi et combien de temps ?

Le travail s'intensifie avec la présence de Pierre dont l'expérience de chercheur m'ouvre de nouvelles pistes. Nous multiplions les sorties terrain. Nous retournons au lac Maga visiter les aménagements rizicoles. Les parcelles aux formes géométriques sont à différentes étapes de culture, labourées, en cours de moisson ou inondées. Le lac, dédié à l'irrigation du riz, a été conçu pour réserver un débit minimum dans le Yaéré, à l'aval de la digue. La plaine doit s'inonder chaque année, car de cette eau dépendent pêche, agriculture et activités pastorales, sans compter la biodiversité en animaux sauvages et oiseaux migrateurs venus fuir les rigueurs hivernales du nord. Mais lorsque nous visitons le canal dédié au transport d'eau vers le Yaéré, il est hors d'usage, encombré d'embâcles, d'arbres, y compris de jardins potagers. L'eau du lac reste réservée au riz.

Les tâches administratives sont toujours aussi attrayantes et la gestion financière est un vrai casse-tête. J'émarge à trois lignes budgétaires, celles du labo montpelliérain, de l'IRD Yaoundé et de l'administration IRD Marseille. Ce qui signifie garder et classer les notes de frais, avancer des montants de ma poche, contractualiser le travail d'Adama au coup par coup, répartir les dépenses, compter les kilomètres parcourus en 4x4. Je ne tiens pas à me retrouver à Montpellier avec un monceau de papiers gribouillés dans tous les sens et dont j'aurai oublié le pourquoi du comment.

Faut-il renouveler mon visa qui ne sera plus valable une semaine avant la date de mon départ pour la France ? Je sais l'administration camerounaise aussi tatillonne sinon plus que la française. J'aimerais m'informer, sans savoir où m'adresser. Je rends visite au service de l'immigration de Maroua, une bâtisse poussiéreuse abritée par un toit en tôle et désertée par ses fonctionnaires. Sauf un qui ne comprend pas ce que ce Blanc veut avec ses problèmes de passeport. Je repars les mains vides, ce qui ne m'empêche pas de dormir : je n'ai jamais été contrôlé. Ma seule préoccupation est de trouver une attestation de ma bonne foi pour le passage de la frontière au retour, histoire de ne pas subir des tracasseries de dernière seconde ou d'éventuels pots-de-vin. Le futur me dira que j'avais raison et tort à la fois.

Au fil de mes visites dans les bureaux d'associations, aux sièges d'ONG et de structures de recherche, mon réseau professionnel s'est étoffé. À force d'interroger à droite à gauche, je m'aperçois que le nombre d'organismes impliqués dans l'environnement et le développement régional est important. Les MIDIMA, ACEEN, CBLT,

CEDC, SVN, UICN sont autant de structures où je commence à être connu. Je ne la ramène pas, les gens m'accordent leur confiance, ils passent me saluer à ma case, palabrer, boire un Coca ou un thé. Mon gardien joue son rôle de gardien en filtrant les arrivées… du moins au début. Avec le temps, il m'est possible de recueillir des informations pertinentes. Le problème n'est pas la quantité de données, car elles sont nombreuses, issues de projets internationaux en agriculture, ichtyologie, biologie, hydrologie, climatologie. La vraie question, déjà mentionnée, est la conservation et la diffusion de ce savoir. Je m'en suis aperçu en fouinant dans la bibliothèque poussiéreuse et quasi abandonnée d'une ONG qui regorgeait d'études, de rapports, de mémoires d'étudiants. Beaucoup de documents pertinents, mais ce beaucoup n'était pas géré, pas informatisé, peu utilisable. Dans une impuissance scientifique frustrante, je me résous à photographier tableaux et diagrammes. À cette époque, la recherche fonctionnait par projets, financés par la coopération internationale. Trois ou quatre années de travail intense et de qualité, et après, plus personne sur place.

Ma présence fugitive à Maroua participe-t-elle de ce mode de fonctionnement ?

Des contacts sortent du lot par leur professionnalisme et par affinités personnelles. Roland est un jeune doctorant, ichtyologue au Centre pour l'environnement et le développement de Maroua. Nos échanges sont source d'informations passionnantes sur les pratiques de pêche dans le Yaéré. Il m'initie à ces techniques, à leur ingéniosité, à leur poids économique. Les poissons ne m'intéressent pas, je n'y connais rien et j'ai mes priorités à gérer, mais s'il y a pêche, il y a poissons et s'il y a poissons, il y a eau ! Aussi, quand il envisage de partir sur le terrain expertiser les prises des pêcheurs, je lui emboîte le pas, suggérant que son travail est connecté au mien – ce qui n'est pas faux. D'autant que je peux apporter une contribution financière à cette mission. Je lui colle aux basques, avec discrétion mais obstination, car je sais que nous nous apprécions au-delà de nos disciplines respectives.

Aboukar est un autre professionnel incontournable. Engagé et motivé – il est originaire du Yaéré –, il intervient en milieu scolaire et œuvre pour le développement rural grâce à l'ACEEN, Association camerounaise pour l'éducation environnementale. Il est plus âgé que Roland et je me demande parfois s'il n'est pas réticent à ce que je m'immisce dans les problématiques du Yaéré. Mais cet homme est compétent, il a de l'expérience, il connaît son sujet et le terrain. Avec lui, j'apprends l'historique des relations et des conflits d'usage entre ethnies. Ses photos des canaux du Yaéré, prises en fin de saison sèche, sont des caricatures d'images du journal télévisé illustrant la sécheresse : chenaux vides, mares de boue, terre craquelée. Le manque d'eau est normal en saison sèche, mais les dernières périodes arides ont été exceptionnelles.

Un autre contact, incongru, est fourni par Christian. À 200 km au sud de Maroua, l'école de l'air de Garoua forme des pilotes camerounais. Des militaires français sont en charge des entraînements qui se déroulent sur de modestes ULM. Or le haut gradé responsable nous informe qu'ils peuvent prendre des photos lors de vols d'exercice au-dessus du Yaéré. Il suffira de lui indiquer la période et les lieux qui nous intéressent. Je lui envoie illico les coordonnées de plusieurs mares dont les photos aériennes compléteront les descriptions de Roland et Aboukar. Comme je le découvrirai *in situ,* le fonctionnement anthropisé de ces mares est l'élément essentiel à la compréhension des pratiques de pêche. Et par extension, de l'hydrologie de la région.

Les jours passent, et je piaffe, toujours en attente pour une croisière sur la plaine inondée.

Pierre et Christian sont repartis et je renoue avec mes habitudes de solitaire. Je retrouve le marché pour mes emplettes alimentaires. J'y ai mes habitudes, mes commerçants attitrés, mes déambulations entre artisans, étals de légumes, rayons bricolage. Je retire de l'argent à un distributeur qui, par miracle, me fournit des CFA sans discussion. Le garde armé qui surveille la machine m'inquiète plus que de potentiels braqueurs. Les œufs de ma marchande préférée sont toujours aussi maculés de fiente et les avocats du marché sont les meilleurs du monde.

Adama me véhicule de points GPS en points d'eau. Il participe lui-même à mes prises de note ou de vue. Il est de compagnie agréable, jamais d'embrouille ni de retard. Je savoure nos tournées de brousse, même si les nids de poule, la chaleur et la poussière sont pénibles à supporter. J'éprouve un sentiment de liberté, je définis agenda et trajets comme je l'entends, m'appropriant l'équilibre entre rythme africain et contraintes occidentales.

Mon moment préféré est le départ tôt le matin, dans une fraîcheur limite froidure, suivi de l'arrêt petit-déjeuner. Assis sur la natte d'un café en bord de piste, le Lipton et les galettes frites à l'huile me régalent tandis que je regarde les gens marcher. Ils marchent sur des kilomètres, le long des goudrons, des latérites, des sentiers. Femmes et hommes marchent, pieds nus, en tongs, en sandales de pneu, et sur la tête, sacs ou matériaux ou fagots ou outils. Les fesses et les bassins chaloupent en douceur, les courbes vertébrales se déplacent sans heurter la charge portée.

Dans ma case, j'ai essayé de déplacer sur ma tête des objets, incassables de préférence. J'ai alors senti de légers chocs remonter mon dos, crisper ma nuque et… pof par terre ! Alors, quand je vois une pile de plateaux d'œufs se promener avec grâce et sécurité sur une tête à 1 m 60 du sol, j'admire.

Ces instants matinaux où le travail de terrain n'a pas encore vidé ma tête et lassé mon corps sont ceux où j'ai la disponibilité pour recevoir et sentir ces vibrations, cet équilibre fragile où je me sens à ma place, discrète, où malgré mon statut de *nassara*[20], je participe à l'aube naissante. Personne ne s'occupe de moi, je ne fais rien et j'ai la sensation inexplicable et idiote de m'occuper de tous. J'accueille ces cadeaux.

Sur mon bureau trônent les 254 pages de ma bible hydrologique, la thèse écrite en 1990 par Emmanuel, « Hydrologie du grand Yaéré du Nord Cameroun ». Ce travail est la synthèse la plus exhaustive sur le fonctionnement hydrologique de la région. J'ai connu Emmanuel au laboratoire à Montpellier où il achevait la rédaction de sa thèse sur le Yaéré. J'étais responsable informatique du laboratoire, et, ironie de l'histoire, l'hydrologie de cette région était le cadet de mes soucis. Emmanuel était l'ami d'un autre doctorant, N'Golona, un Tchadien avec qui j'avais sympathisé. L'Afrique me semblait une terre suffisamment exotique et mystérieuse pour me demander, de bonne foi, comment des scientifiques africains géraient la double appartenance à leur univers traditionnel et au monde scientifique.

Mais ma bonne foi n'était pas si naïve, car au cours d'un dîner à la maison où j'avais invité les deux comparses, ils m'ont montré que ces deux postures

---

[20] *Nassara*, ou *nasaara* signifie blanc. Ce mot provient de la langue *mooré* du Burkina Faso.

cohabitaient sans problème. L'un d'eux a commencé à décrire comment sa femme, la nuit, quittait le lit conjugal tout en y restant. Quittait et restait ? Oui, quittait et restait. Elle partait, elle se dédoublait pour s'éclipser ailleurs dans une ubiquité nocturne. Peut-être s'était-elle fait marabouter… Peut-être rejoignait-elle un amant… Son récit était d'une normalité confondante, sans contradiction aucune avec la logique rationnelle du chercheur. À cette époque, je ne faisais pas trop cas du besoin universel de croyances. Et j'ai accepté ce dualisme sans états d'âme. Crédulité de ma part ? Besoin d'accorder ma confiance ? Goût du mystérieux ? Ou ne suis-je pas si cartésien que cela ? N'ai-je pas grandi dans une mythologie catholique emplie de mystères ? Dans mes rêves, n'ai-je pas accompli des actes au-delà de mon lit ?

Quand je m'immerge dans les 254 pages de cette thèse, je ne philosophe pas sur le mystère des croyances humaines, mais je garde la mémoire de cette rencontre insolite. Et surtout, j'admire le travail réalisé par Emmanuel, ainsi que les expérimentations qu'il a menées sur le terrain et dont je ne pourrai en réaliser le centième !

ENFIN !

Chaque méandre révèle un paysage inédit. Le moteur ronronne ses décibels, la grande pirogue aborde une nouvelle courbe où le dissimulé se révèle. Une nuée d'oiseaux surpris et effarouchés décolle à tire-d'aile, rasant l'eau et les berges. Sur les rives, des abris de fortune surgissent, entourés de séchoirs à poissons et d'enfants nus accourant pour découvrir l'origine de ce tohu-bohu. La navigation d'une grande barque à moteur n'est pas si fréquente. En plus avec un *nassara* ! Signes de main, hello, nouveau méandre…

La chance, la volonté, le désir et la convergence scientifique ont été au rendez-vous. Nous sommes sept, Roland, Beladan et Mamoudou, de l'ACEEN, accompagnés de deux techniciens et du pilote. Au vu de l'organisation mise en place, je rends grâce aux divinités hydrologiques : grande pirogue motorisée, réserve d'essence, nourriture, points de chute, villages relais, jamais je n'aurais pu me débrouiller seul.

Le point de départ est Tékélé, village à la confluence du Logone et d'un chenal débouchant dans la Logomatya, une rivière parallèle au Logone et qui serpente dans la partie est du Yaéré. Adama m'y dépose, rendez-vous pris pour la semaine suivante, puis il s'en retourne à Maroua, m'abandonnant à mon heureux sort. Tékélé est un point de passage pour pêcheurs, commerçants, voyageurs. De longues pirogues multicolores s'y arrêtent, bus fluviaux débarquant marchandises et passagers en quête de denrées, d'un thé ou d'une soupe. De l'autre côté du Logone la berge herbeuse tchadienne. Pendant que mes collègues s'activent, je comble mon inutilité en marchant, observant, notant. Sur des claies odorantes, du poisson sèche au soleil, spectacle et effluves qui me seront vite familiers. La pêche est LA grande ressource. Exportés, les poissons sont l'opportunité de gagner en une saison plusieurs millions de CFA tant la demande alimentaire est forte, surtout au Nigéria.

Le soleil cogne, il prend tout son espace, sans ombre.

Une pirogue de pêcheurs pénètre dans le chenal. Mes yeux sidérés scrutent le plat-bord de cette barque surchargée de tapis, toiles, matériel de pêche et de cuisine, il ne surplombe l'eau que de quelques centimètres ! Le moindre faux mouvement et l'eau embarque. Le chef de famille est assis à la poupe. De sa pagaie, il guide l'embarcation dans le chenal, conduisant sa femme protégée du soleil par un grand voile jaune, deux enfants sous un tissu et un autre adulte à la proue. Ils navigueront jusqu'à un campement pour y rester le temps de la saison de pêche.

Je circule entre les cases de terre brune, coiffées de leur cône de chaume et baignant dans les odeurs de poisson, de gasoil et de fumée de bois. Je filme deux enfants hilares qui sortent nus de l'eau, tenant chacun un cahier d'écolier enveloppé dans un plastique. En guise de vivier, une pirogue est remplie de poissons vivants, gluants et glissants les uns sur les autres, s'efforçant de survivre au surplus d'oxygène. Une femme lave des poissons morts, dos droit penché vers une cuvette au sol, jambes allongées et bassin incliné à angle droit.

Embarquement
Crachotements du moteur
Virage bâbord
Nous quittons Tékélé
Nous naviguons
Mes yeux n'en peuvent plus
Nous y sommes
Nous pénétrons dans le Yaéré
Descendons vers la Logomatya
Enfin !

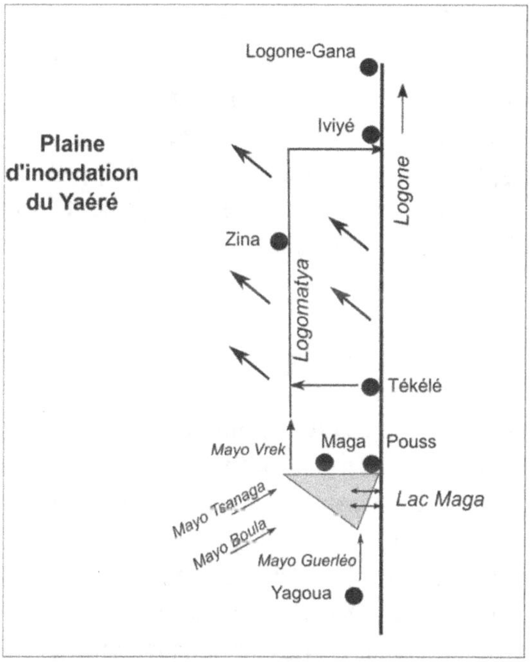

Flux d'eau en transit dans le Yaéré.

Quand j'embarque sur un bateau, gros ou petit, j'aime jouer la figure de proue. Surplomber l'eau fendue et les vagues du sillage me fascine. Mais le pilote me rapatrie vite fait au centre du bateau car je lui cache la vue des obstacles. Et il y en a, des obstacles. Après quelques minutes de navigation, un barrage d'herbes et de bois agrémenté de nasses ferme le passage. En théorie, ces entraves à la circulation sont interdites. Deux coupables émergent de la berge, sautent à l'eau et déblaient un accès vite refermé derrière nous. Nous passerons plusieurs de ces barrages, embouteillés de pirogues chargées plus que de raison.

Nous doublons l'embarcation à la femme au voile jaune. Je regarde avec appréhension les vaguelettes de notre sillage escalader son plat-bord, mais non, ils ne vont pas couler.

Nous naviguons maintenant sur la Logomatya.

Nous avons basculé dans un autre monde, un univers sans téléphones, voitures, routes, électricité. Un univers où ne règne qu'un ruban liquide dont la barque épouse les sinuosités. Des chenaux latéraux fuient dans une horizontalité verte infinie, des huttes, cernées de séchoirs à poisson, sont déposées sur les berges entre de timides champs de riz. Des hommes, des femmes, des enfants pêchent, pagaient, cuisinent, se lavent. L'odeur d'eau douce, écœurante parfois, se mêle à celles de la boucane, du poisson, de la pourriture. Seuls notre moteur et les cris d'oiseaux rompent un mystérieux équilibre de silences.

En sortie de méandre, nous surprenons canards, échassiers et volatiles en tout genre. J'ignore leurs noms, ils sont petits, gros, noirs, blancs, gris, vifs, balourds. Ils viennent passer un hiver tropical avant de repartir au printemps vers des contrées européennes. Nous les déconcertons dans leur quête de nourriture, ils s'envolent devant nous, fuyant une tranquillité qu'ils retrouveront après notre passage. De grosses « pintades » noires perchées en haut des arbres ne sont pas concernées par notre tapage, elles ne bougent pas d'une plume. Cette profusion du vivant, associée au calme ambiant et à l'horizontalité du paysage, me fait penser à un paradis dont l'homme aurait été chassé et qui y revient, poussé par son moteur Yamaha.

Parfois, nous stoppons et escaladons la berge, le temps pour Roland et ses collègues d'examiner les claies de séchage. Les silures, tilapias, mormyridés – ainsi que Roland me les nomme avec patience – s'exposent au soleil ou à la fumée. Séchés, boucanés, ils partiront en sacs vers le Nigéria ou N'Djamena.

Face à ces étalages de morceaux noirs recroquevillés et odorants, je change de paradigme sur la relation température-poisson. Jusqu'à présent, poisson et froid étaient inséparables. En France, je conserve truite, maquereau ou colin frais au réfrigérateur, alors que les relents d'un poisson exposé à la chaleur l'envoient direct à la poubelle. Mais la ferveur du soleil camerounais est telle qu'elle est *full* compatible avec la conservation : le poisson n'a pas le temps de pourrir, il se dessèche, vite et bien. Les inévitables mouches sont présentes, signe de qualité, m'apprend Roland, « Sur un marché, n'achète pas de poisson séché sans mouches, cela signifie qu'un insecticide a été pulvérisé sur la chair durant le séchage. » Bon à savoir, les drosophiles comme marqueurs de bio ! Mais bio et saveur ne vont pas toujours ensemble. Il nous arrivera maintes fois d'être invités à déguster poisson et riz à toute heure de la journée, y compris tôt le matin où avaler du poisson séché, même bio, à l'heure du café oblige à la zénitude diplomatique et souriante.

La concurrence entre pêcheurs est rude, source de rixes parfois mortelles. La nuit, des Tchadiens traversent le Logone pour venir jeter l'épervier. Ils n'ont pas de nasses à demeure, comme les Camerounais. Ces derniers font alors leur propre ménage contre les concurrents, les sauvages comme ils les appellent. Il leur arrive de s'étriper, au sens propre, tel ce Camerounais tué d'un coup de couteau par un Tchadien qui s'est empressé de se réfugier chez les flics de son pays : il était plus en sécurité derrière des barreaux tchadiens.

En temps normal, te poser dans un bateau te projette dans une 4e dimension. Ici, cet effet est démultiplié. Cette première journée t'expédie dans un univers parallèle, un paysage de paradis perdu, une nature aquatique vibrant de sa biodiversité, des humains fondus dans leur milieu, un environnement vierge de toute modernité. Emporté par ton lyrisme, tu ressens ce que ton fond écolo désire ressentir. Tu t'emballes, tu oublies ta couleur, ta pensée blanche, le pourquoi de ta présence ici. Tout est amplifié par l'accomplissement du désir de venir en cet endroit. Et pourquoi pas ? Pourquoi ne pas laisser résonner ces vibrations, ces sensations ? Sur cette barque qui trace son chemin liquide, que faire d'autre que de t'abandonner ? Tu sais que plus tard, ce sera une autre paire de manches. Que tu découvriras un inconnu professionnel à assumer. En attendant, tu t'imbibes de tout ce qui t'est donné, à toi qui centralises la curiosité depuis ta grande pirogue à moteur. Tu es seul au monde, entouré de multitudes, tu es ici et maintenant pour rendre compte de l'hydrologie de ce coin perdu. Tu es bien.

Claies de séchage du poisson examinées
par Rolland et ses collègues.

FORMATION EXPRESS À LA SOCIOLOGIE AFRICAINE

Des repères ? Quels repères ? Il faut être né dans le Yaéré, avoir grandi et vécu dans cette horizontalité sans fin pour naviguer dans ce désert vert. Tout comme les Touaregs savent s'orienter en décryptant les textures et couleurs du sable et la position des étoiles. Pareil ici, entre eau et végétation aquatique. Nous avons quitté la Logomatya pour le cœur du Yaéré. Assis sur le banc de bois de mon esquif, je ne vois rien au-delà d'un mètre, à part un ou deux faîtes d'arbre émergents au lointain. Mes yeux sont au niveau des herbes, des végétaux d'un vert tendre magnifique dont les racines plongent sous 20 à 150 cm d'eau. Sous les poussées de longues perches de bois, nos deux petites pirogues se fraient un chemin mi-végétal mi-aquatique. Les hautes herbes s'écartent avec douceur, cédant à l'intrusion des proues, et se referment derrière dans le clapotis de l'eau et le chuintement des tiges frottant sur le plat-bord. Un oiseau, dérangé par l'incongruité de nos équipages, s'extrait en quelques coups d'aile pour réapparaître une fois le calme revenu.

L'eau est transparente, limpide, rien à voir avec la couleur limoneuse d'une rivière en crue. Malgré la chaleur ambiante, elle est d'une fraîcheur surprenante qui sied à mes mains que je laisse tremper de temps à autre. Cette zone humide fonctionne comme une lagune géante, épurant l'eau par évaporation et transpiration des plantes, toutes deux maximales sous ce ciel sec et ensoleillé.

Après la navigation express sur la grande barque motorisée, nous faisons route à bord de deux petites pirogues au milieu des herbes aquatiques. Nous sommes quatre par pirogue, deux piroguiers souquant sur leurs perches et deux passagers. Je navigue avec Roland. Nos barques à fond plat sont d'une instabilité remarquable où le moindre mouvement occasionne un roulis désagréable. Je réagis avec brusquerie aux changements d'assiette, amplifiant les oscillations et contribuant à embarquer une eau que j'écope avec conscience et culpabilité : encore une occasion où le *nassara* se fait remarquer, celui-là n'est pas natif du signe de la pirogue ! Circonstance atténuante, les trajets peuvent durer des heures. Assis sur une planchette de 5 cm de large sous le soleil équatorial, il est ardu de ne pas avoir la bougeotte… sauf que bouger reste limité. Au bout d'un moment, mon bassin se met dans le rythme, mes vertèbres se libèrent, j'anticipe les oscillations de l'embarcation et mes rêveries reprennent le dessus. Les piroguiers me fascinent. Debout, ils dominent l'horizon en poussant sur leur perche. Comment font ces gondoliers du Yaéré pour nous propulser sans secousses, avec équilibre et souplesse au milieu de cette mer verte, des heures durant sans un gramme d'ombre ?

Nous traversons des carrefours incongrus en croisant d'autres pistes aquatiques, vagues lignes de végétation clairsemée, traces du passage des embarcations. Plus tard, devant mon ordinateur, je m'apercevrai que la trace GPS de notre croisière se confond pile-poil avec les chemins de la carte IGN. En saison sèche, les sentiers sont parcourus à pied ou à moto par les habitants des villages et les commerçants. Et lorsque les eaux envahissent le terrain, ces mêmes traces, noyées, végétalisées et invisibles, continuent à être utilisées par les embarcations.

Nous tombons parfois sur des nasses grouillantes – ou vides – de poissons sur lesquelles mes compagnons jettent un œil professionnel, agrémenté de commentaires qui m'échappent, sauf quand je les questionne. Ce qui arrive souvent.

Nous progressons de buttes en monticules qui émergent de l'eau de quelques dizaines de centimètres et sur lesquels résident les cases d'un village ou un campement sommaire. Les haltes sont indispensables afin que Roland et son collègue effectuent leur travail d'enquête : quelles espèces de poissons, quel poids, quelle taille, quel mode de pêche ? Les villageois-pêcheurs regardent avec curiosité les ichtyologues manipuler balance, mètre, poissons et contenus stomacaux, tandis que je fais le tour du site. Non sans quelque désespoir, car, à part triturer mon caméscope, mon GPS et mon sacro-saint cahier de terrain, je ne peux que glaner des informations descriptives et visuelles. Je songe à ce satellite qui veille à plus de 800 km d'altitude en espérant qu'il détecte ce que je ne vois pas. Je repense au travail d'Emmanuel qui avait nivelé des hauteurs de terrain, des niveaux d'eau, des sens d'écoulement. Je saisis l'importance de son travail de 1988, à une époque où les satellites balbutiaient. Mais il travaillait en équipe, et je me sens isolé sur ce promontoire, dépassé par l'ampleur des questions scientifiques et la faiblesse de mes moyens. Je me raisonne et je décide, une nouvelle fois, de privilégier le descriptif sur le quantitatif. Alors je filme et j'écris, espérant avoir matière à dialoguer avec les images que m'enverra Eva, la spécialiste en télédétection.

J'ai juste le temps de discerner, à moins d'une encablure, deux pirogues passant à travers un rideau vert de végétation, vaisseaux irréels et silencieux, colorés par les boubous des piroguiers. Ma déception scientifique se dissout dans l'offrande de ces mystères.

Je rejoins mes collègues pour l'incontournable collation poisson-riz-thé. Un piroguier noue des hameçons le long d'une ligne de pêche, une véritable démonstration d'agilité de ses longs doigts entremêlant sans erreur métal pointu et boucles de nylon.

Un matin, nous partons avec un pêcheur relever ses filets. Le soleil dort encore, le ciel est d'une limpidité impeccable, violet et frais. Nous naviguons jusqu'à une mare, et là, je saisis – enfin ! – la dynamique de ces étangs associés aux canaux de pêche. Tout le système est basé sur le remplissage et la vidange de ces mares peu profondes. Dans ce relief uniforme où le moindre creux joue le rôle d'une baignoire naturelle, les dépressions se remplissent grâce à la pluie et aux débordements de la Logomatya via des chenaux artificiels.

Par leurs richesses en graines et débris d'insectes produits en saison sèche et par la profusion de plantes submergées, ces mares offrent un environnement exceptionnel pour la croissance des poissons. Mais la nature ne suffit pas. La maîtrise de l'aléa hydrologique a poussé les hommes à amplifier les processus de crue et décrue par des canaux artificiels reliant mares et chenaux principaux. Dès les années 30, les premiers canaux artificiels ont été creusés, puis se sont multipliés – en 2006, l'ACEEN en avait dénombré environ 3000 ! Les embouchures de ces canaux sont visibles en naviguant sur la Logomatya. Creusés à la pioche en saison sèche, ces fossés peuvent s'étendre jusqu'à une dizaine de kilomètres sur une profondeur de 1,5 à 3 m – dans les plus grands, un 4x4 pourrait y rouler en toute tranquillité.

En période de crue, l'eau de la Logomatya emprunte ces chenaux et chemine vers ces dépressions. Celles-ci se remplissent, offrant une nourriture abondante aux larves et aux alevins. D'où poissons abondants et pêches pléthoriques, comme nous le montre notre pêcheur matinal en relevant son filet.

Canaux adjacents au Logomatya en période de crue et de décrue (photos d'Aboukar M., ACEEN).

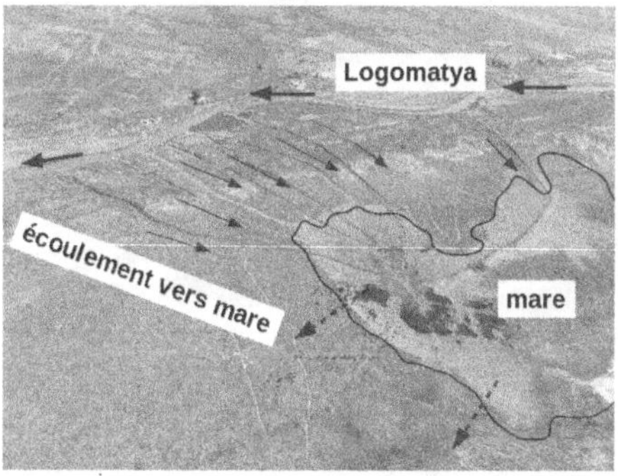

en crue : de la Logomatya vers les mares

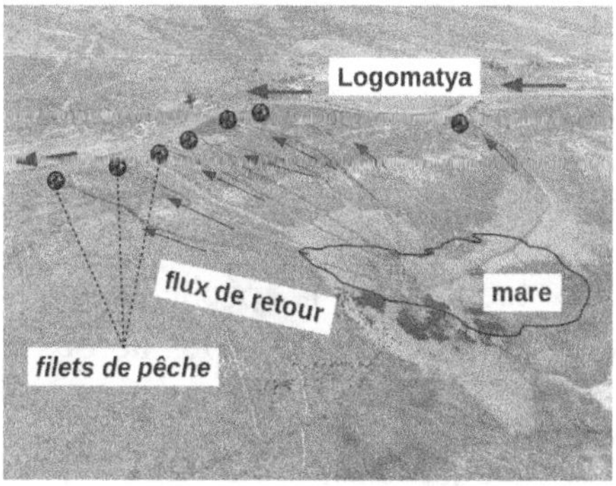

en décrue : des mares vers la Logomatya

Circulations de l'eau entre la Logamatya et les mares.

Lorsque les eaux se retirent, la pêche suit le mouvement et retourne vers la Logomatya où se pratique la technique du *sukuti.* Placé à l'embranchement avec la Logomatya, un barrage de vannerie laisse s'écouler l'eau avec un passage libre au milieu duquel est fixée une nasse où les poissons se piègent. Au-dessus de l'ensemble, un filet est tendu et les empêche de sauter.

Technique de pêche *sukuti* (dessins de Christian S.).

Une autre technique, la pêche à l'*erek,* ou touffe d'herbe, est utilisée depuis peu. Des herbes flottantes sont greffées sur les rives de la Logomatya et de l'engrais y est déversé afin d'en favoriser la croissance. Des prairies aquatiques artificielles croissent, pouvant atteindre 100 m de long et 30 m de large. Des piquets enfoncés à la périphérie et reliés par un cordon empêchent les touffes d'herbe de se détacher. Les poissons sont attirés par ces zones fraîches et ombragées. Ils sont alors encerclés et capturés par une senne, ou *taaru,* tirée par une pirogue.

Des pêcheurs d'autres contrées s'installent, diversifiant les procédés de capture. Car le Yaéré en saison de pêche attire une multitude en quête de richesses. Un canal de pêche rapporte entre 1 et 5 millions de CFA (1500 à 7500 €). Conséquence inévitable : des conflits entre natifs et extérieurs. Le Yaéré, longtemps dépeuplé, était le pays des Kotoko. Cette ethnie, vivant en cités, descendait du peuple mythique Sao. Les Sao, « les hommes d'autrefois », se sont installés dans la région à partir des années 1000 avant notre ère. Dans la mythologie locale, ils possèdent des dimensions et des pouvoirs surhumains.

À partir du VIIe siècle, les Sao ont été vaincus et supplantés par des hommes blancs, nomades à la peau claire venus du nord, qui avaient occupé la contrée du lac Tchad. La profusion piscicole a ensuite attiré les Mousgoum, une ethnie qui deviendra majoritaire face aux Kotoko autochtones. Les chefferies locales kotoko, qui ne pouvaient faire respecter leurs droits sur les terres et les étangs, ont essayé d'encadrer les activités des Mousgoum afin de limiter le creusement des chenaux de pêche. Mais la situation leur a échappé et est devenue anarchique.

Les propriétaires de canaux mousgoum et kotoko s'engagent alors dans une guerre de l'eau, creusant des chenaux de plus en plus profonds et édifiant des digues orientant les crues vers leurs propres canaux – dans ce paysage ultraplat, une digue d'un mètre de haut suffit à modifier les trajectoires de l'eau sur d'immenses surfaces, un véritable effet d'aile de papillon hydrologique. Les autorités gouvernementales et locales ont tenté d'interdire les canaux de pêche, de soumettre leur creusement à autorisation… sans succès.

Cette situation est préoccupante, car le Yaéré fait partie du vaste système hydrologique Logone-Chari-lac Tchad. Les canaux de pêche accélèrent le remplissage et la vidange de la plaine, impactant les stocks de poissons qui sont retenus dans leur trajet vers le lac Tchad. En retour, cette limitation de l'inondation peut porter préjudice à la croissance des alevins et des poissons immatures. Des réunions dans les villages ont conclu à la nécessité d'un retour aux techniques de pêche traditionnelle, mais ce revirement est quasi impossible : il faudrait comptabiliser les pertes subies par les pêcheurs, les marchands de poisson, les propriétaires de bateaux, les hommes d'affaires...

À ces problèmes de pêche s'ajoutent les conflits avec les éleveurs et leurs troupeaux de bovins qui traversent la plaine. Des ethnies pastorales, les Fulbe, les Mbororo et les Shuwa se succèdent dans la plaine selon un timing partagé. En début de saison sèche, dès que l'eau commence à se retirer, les troupeaux des bergers pâturent là où résident les canaux. Les animaux se heurtent alors au franchissement des fossés vides et profonds qui s'avèrent dangereux à traverser. De plus, le bétail abîme les chenaux en éboulant leur paroi, sans parler des dégâts qu'il cause en pénétrant dans les rizières déployées les années précédentes[21].

[21] L'ensemble de ces problématiques hydrologiques et sociologiques a été publié dans le chapitre d'un livre consacré aux plaines d'inondation : *Delclaux F., Seignobos C., Liénou G. & Genthon P. (2010), Water and people in the Yaéré floodplain (North Cameroon), in Floodplains: Physical Geography, Ecology and Societal Interactions, Nova publishers, Hauppauge (NY) pp 1-27.*

À Maroua, en formation accélérée sur la sociologie africaine, tu écoutais Christian, intarissable de connaissances et d'anecdotes sur cette zone. Il te décrivait la complexité du fonctionnement social et ethnique de cette région où les richesses liées à la pêche sont source de convoitises et prétexte aux conflits politiques, ethniques et communautaires. Où l'absence et présence d'eau jouent un rôle déterminant dans ces dynamiques sociales. Tu penses à ta pratique hydrologique, si éloignée de cette dimension humaine. Tes outils scientifiques sont inadaptés à rendre compte de la complexité de cet hydrosystème dont les activités humaines en modifient sans cesse la dynamique. Tu t'en doutais, mais là, assis dans la petite pirogue qui te mène de villages en campements, tu mesures l'écart entre ton désir de compréhension physique et le frein dû à la méconnaissance des sciences humaines. Il te reste la curiosité et la fascination éprouvées devant l'énergie des habitants dans leur survie et dans la mosaïque de leurs activités.

Dans les villages, je vois toujours quelques individus qui… attendent… quoi ? Ma foi, aucune idée, peut-être que la femme ait fait le repas... que le poisson arrive… Mais la majorité s'active sans relâche, pêchant, récoltant, naviguant, réparant filets et pirogues à longueur de journée. Debout sur leurs pirogues et glissant sans à-coup, ils manipulent leurs grandes perches, centrés, affichant une noblesse verticale. De même, les femmes portent leurs charges sur la tête et se coulent en souplesse dans les chemins. Leur bassin est comme monté sur roulement à billes, leur relation à la terre est souple. Leurs pieds se déroulent sur le sol, enracinés dans le système musculaire jusqu'au bassin et au-delà. Lorsqu'elles se baissent, travaillent la terre ou récoltent, elles offrent cette image caractéristique de la femme africaine : dos plat incliné, jambes longues, leurs mains pourraient descendre au centre de la terre. Jamais le bébé qu'elles portent sur leur dos ne passe par-dessus bord. Les habitants sont ancrés, légers et souples, épaules et jambes disponibles. Enracinés dans la terre, ils ne se doutent pas qu'à des milliers de kilomètres de là, des *nassaras* suivent des pratiques corporelles pour se reconnecter à cette origine terrienne.

Campements insulaires

Après cette première incursion dans le monde piscicole du Yaéré, nous rejoignons la Logomatya et notre grande pirogue afin de passer la nuit à Zina, un village de huttes près de la berge et dont la taille est suffisante pour héberger un collège. Une soirée délicieuse, où avant la traditionnelle boule de mil-poisson-sauce, je me pose sur notre pirogue, comme sur un ponton. Je regarde les villageois vaquer à leurs occupations du soir, dont la plus importante consiste à se laver – à barboter pour les plus jeunes – sur une petite plage. À nouveau une sensation de bout du monde, d'un ailleurs à tel point ailleurs qu'il n'a ni fin ni début.

L'équipe a déposé armes et bagages dans la pièce où nous dormirons. Des tapis en guise de matelas et des latrines extérieures dont la propreté n'est pas douteuse, elle est inexistante. Je passe sur les détails, en me réjouissant de ne pas avoir de *tourista* tant l'approche de ce trou creusé à même le sol et fort garni est répulsive : contraste étonnant avec la propreté des gens et de leurs vêtements élégants.

Avant de dormir, j'échange avec le directeur, Mbaïnadjim Mbétté, sur les problèmes de son collège qu'il me fait visiter à la lueur d'une lampe torche. Il est préoccupé par ses conditions de travail et par celles de ses élèves. La moitié du toit est arrachée. Les enfants sont absents car ils travaillent avec leurs parents. Et aussi, manque de maire et de moyens municipaux pour cause de rivalité ethnique, absence de photocopieuse – la plus proche est à Maroua. L'école à l'écart du village est difficile d'accès en saison des pluies et le forage d'eau potable se trouve à 2 km. Électricité et lumière font défaut. Il me fait partager son rêve de panneaux photovoltaïques, matériel qu'il aimerait que je l'aide à financer avec des amis et collègues dès mon retour en France. Je louvoie, embarrassé, car je ne me sens pas l'âme ONG. Je sais que de retour à Montpellier, je ne m'engagerai pas dans cette action humanitaire. D'où mon malaise à finasser et à éluder de fausses promesses.

Après une nuit agitée, meublée des sonorités inhérentes à celles d'un dortoir, de bruits d'animaux inconnus et d'odeurs indéfinissables, nous nous préparons aux aurores, avant le petit-déjeuner. Ce repas matinal est essentiel pour la journée qui s'annonce, et il agit aussi comme révélateur de mon conditionnement alimentaire. Les mets matinaux sont ceux dont les goûts sont les plus formatés, ceux qui supportent le moins les changements d'habitudes. Le petit-déjeuner à l'étranger est un bon test d'acclimatation – je ne parle pas des buffets d'hôtels identiques d'un bout à l'autre des cinq continents. Ici, les menus varient sans cesse au gré des évènements. Et quand mon estomac darde ses yeux sur le plat matinal de 6 h, collation essentielle en prévision d'une journée longue et pleine d'inattendus, plus le mets semble cuisiné, plus l'interrogation sourd : va-t-il falloir dissocier goût-couleur-odeur-consistance ?

Exemples de ces repas matinaux :

- bouillie sucrée à base de lait, farine, riz (*excellente*) ;
- bouillie accompagnée de ce qui ressemble à du poulet (*pas mal*) ;
- poisson séché ou fumé (*raide à passer*) ;

- thé vert, abondant et sucré (*hmm...*) ;
- riz (*parfait pour les aléas du transit*) ;
- pain sous plastique à conservation illimitée (*tartines délicieuses de pâte au cacao, de mayonnaise, de vache qui rit*) ;
- nouilles chaudes (*curieusement sucrées*).

Tout ce que mangent les locaux est sain, à part un manque de vitamines C. Poisson, riz, mil, parfois poulet, ils mangent de tout, et en quantité suffisante. La répétition des aliments est compensée par la variété des poissons qui me semble infinie.

Les destinations des deux jours à venir sont un village, Rharaf, et un campement, Mouhouli, que nous atteindrons dans nos petites pirogues retrouvées. À nouveau, une longue journée ensoleillée se déroule au milieu des grandes herbes et sur le petit banc où s'enkyste mon coccyx. Les villages sont perceptibles à distance, signalés par quelques arbres. Visualiser l'objectif est bon pour le moral, car nous allons vers du concret discernable. Et il est mauvais pour le moral car, pureté de l'air oblige, ces arborescences sont visibles de loin. Seul le rapprochement progressif des cases et des arbres indique que nous avançons, même si je le sais au vu des efforts transpirants de nos gondoliers.

L'étape du soir se passe sur une butte où sont posées les cases en terre de Rharaf. Les collègues ichtyologues effectuent leur travail d'ichtyologue tandis qu'autour d'un thé, le chef de village, un vieil homme à la barbe blanche, me branche sur le paludisme. Me branche, c'est-à-dire me dresse le sombre tableau d'une communauté atteinte de malaria sans aucun médicament. La plaine inondée est le lieu idéal de prolifération des moustiques *Anophèles* vecteurs du paludisme, parfois mortel. Le désintérêt des laboratoires pharmaceutiques au regard de cette maladie bien connue et la forte variabilité du parasite ont retardé le développement d'un vaccin anti-palu[22]. Seuls sont disponibles de rares médicaments (Chloroquine, Malarone), chers et actifs en cas de crise et aux effets secondaires indésirables sur le long terme. Je pense à mes comprimés de Malarone en écoutant le chef, gêné par mon statut de sauveur potentiel. Je lui rappelle qu'il est possible de se protéger la peau des bras et des jambes le soir, je bonimente sur l'usage de la moustiquaire, mais la prévention est obsolète quand la crise de malaria arrive. Cet échange biaisé n'empêche pas la qualité de l'hospitalité, due à la présence et au travail des collègues. Les communautés des pêcheurs réservent un bon accueil aux chercheurs. Ils ne sont pas perçus comme des surveillants-flics, mais comme des personnes intéressées à leur condition de pêcheur.

Je ne sais comment j'aurais pu venir ici sans leur aide et leur compagnie.

Une butte à l'horizon
Coincée entre ciel et terre
Aplatie par le frémissement de l'azur
Une intermittence de l'espace
Une terre ramassée
Une terre rassemblée
Par les mythiques Sao sous le regard impassible des dieux
Des troncs verticaux et leurs corolles vertes
Une ombre rachitique offerte aux poules chétives
Une famille
De chasseurs de poissons
De fumeurs d'oiseaux

[22] La lutte contre le paludisme évolue avec le développement de vaccins dont l'efficacité en matière de prévention est de l'ordre de 75 % (2022).

Sans cesse en mouvement
Navigant de buttes en îles
Nomade devant l'éternité
Partageant les flots et le vert

Après la nuit dans une case, nous reprenons notre navigation et arrivons en milieu d'après-midi au campement de Mouhouli, une butte édifiée à l'époque des Sao. Une butte, un îlot artificiel de terre ramassée, 1000 m² environ, garnie de rôniers – arbres en forme de cocotiers –, comme déposée sur l'eau et les herbes. Sur ce monticule, un jeune couple de pêcheurs et leurs trois enfants nous accueillent : trois huttes rudimentaires en paille de riz tressée, des claies où le poisson sèche, de la farine de mil cuisant sur un feu. Une dizaine de poules flegmatiques déambulent et picorent entre les cases. Nos nattes sont étendues en plein air, quatre poteaux soutiennent une grande moustiquaire verte au-dessus du dortoir improvisé. Quand ces saisonniers-nomades partent pour la saison de pêche, ils emportent le nécessaire à une vie en autonomie, y compris un sale roquet de chien qui ne cesse de rouscailler, incommodé par l'arrivée des intrus. Les enfants jouent par terre ou aident les parents. Comme dans un camping, on y vit sans intimité, à découvert des autres, mais sans qu'il n'y ait pléthore d'autres… à part nous.

Il est encore tôt, 4 h de l'après-midi. Les collègues travaillent tandis que je les filme – je n'ose me demander ce qu'ils pensent de moi et de mon efficacité hydrologique –, puis je fais le tour du domaine. Trois pirogues sont attachées sur un banc de sable. Une superbe araignée, grosse, velue, jaune et noire s'offre à mon objectif. Un échassier blanc se délecte de picorer la vase. Le jour s'efface, les amphibiens locaux s'époumonent. Beaucoup de grillons et d'insectes assimilés se manifestent, faisant contraste avec le silence de la navigation en pirogue. Ils préfèrent la terre ferme où la fumée du feu ne les gêne pas. Et encore et toujours, l'horizon, omniprésent, omnihorizontal. Chaque fois que je crois avoir atteint le bout du monde, un autre bout se profile au loin.

Halte au campement de Mouhouli.

Nos hôtes nous servent un thé sucré en guise d'apéritif. Des gens charmants, d'une gentillesse et d'un accueil généreux. Repas de poissons, boules de mil, calme, clarté des feux dans la pénombre. Les poules passent au ras de la moustiquaire. Le ciel s'est assombri, bleu puis noir, parsemé de particules scintillantes. La nuit est froide, et plus encore au petit matin me dis-je, recroquevillé et frigorifié sous ma couverture légère. Aucune importance, je savoure, je déguste, je me délecte de cet espace-temps que je voudrais suspendre. Au matin, je me régale du poulet insulaire servi au petit-déjeuner. De la grue cendrée, me confiera plus tard Roland.

Le retour sur Zina est épique, digne de « Tintin au Congo ». Roland et son collègue ayant plus de travail que prévu, je rentre seul à Zina. Tout se passe comme d'habitude, moi assis et coincé sur ma planchette et mes valeureux piroguiers poussant sur leurs perches. Nous traversons une zone peu profonde où, petit à petit, le tirant d'eau diminue... diminue... jusqu'à ce que la pirogue racle le fond de l'eau. Ni une ni deux, mes pilotes descendent, le poids s'allège, la pirogue flotte à nouveau et ils commencent à tirer en pataugeant dans l'eau. Me voilà véhiculé, seul, inactif dans la barque et incapable de léviter et de m'alléger. Ils rient et refusent de me laisser descendre malgré mes protestations. Mon anticolonialisme primaire renâcle devant cette exploitation, même consentie, du Noir par le Blanc. Ma réaction est irrationnelle, ils utilisent autant leur énergie en tirant la barque qu'en poussant sur leurs perches. Mais cette situation ne me convient pas. Je leur demande d'arrêter et je descends, ce qui les amuse autant que si j'étais resté dans la pirogue. Je n'ai pas de corde qui les soulagerait, mais au moins ils n'ont à assumer ni mon poids ni le frottement du bateau qui flotte de nouveau.

À vrai dire, mon hésitation à piétiner dans l'eau se nourrissait, en arrière-plan, d'une autre raison : j'avais des bottes. En temps normal, j'ai horreur des bottes, et avec la chaleur, c'est pire : une botte devient un réservoir caoutchouté où les orteils pataugent dans un bouillon de culture tiédasse. J'aurais pu marcher en sandales dans l'eau, mais j'avais investi dans ces chaussures caoutchoutées à Maroua au cas où. Car, lors de mon premier séjour touristique au Cameroun en 1978, j'étais tombé sur un dictionnaire médical des maladies tropicales, agrémenté de photos évocatrices. À NE JAMAIS FEUILLETER ! Comme disait Guy Bedos : « Ce que tu lis, tu l'as !» Un paragraphe m'avait frappé : que tu marches pieds nus ou en sandales dans l'herbe, dans le sable, dans l'eau courante ou dormante, sur la terre, dans la forêt, tu attrapes une saloperie de parasite. Photos gratinées à l'appui. Je ne suis pas hypocondriaque, mais j'avais décidé : pas de marche prolongée pieds nus dans l'eau. Cependant, progressant à côté de la pirogue et le niveau de l'eau dépassant la hauteur des bottes, celles-ci se remplirent sans discussion. Mes doigts de pied ont longtemps barboté dans l'eau et sa fraîcheur, agréable au demeurant. Mais leurs *floutch floutch* confinés ne me plaisaient pas. Nul doute que, l'espace d'un après-midi, mes bottines caoutchoutées allaient se transformer en incubateur à parasites. Tout juste si je ne confondais pas leur grouillement animal avec la circulation de l'eau entre mes doigts de pied.

Aucune pathologie parasitaire ne se déclara plus tard.

Piroguiers du lac Maga et du Yaéré.

Le lendemain, tout le monde se retrouve à Zina.

Demain, en remontant le Logone via la Logomatya et N'Godeni, nous terminerons la boucle qui nous ramènera jusqu'à notre point de départ, Tékélé.

Se profile à l'horizon la sensation contrariante et déjà nostalgique de ton prochain retour à Maroua.

LEONARDO DICAPRIO SUR LOGONE

À nouveau, nous sommes tous regroupés dans la grande pirogue. À nouveau, notre passage motorisé perturbe une multitude d'oiseaux. À nouveau, d'innombrables départs de canaux latéraux, barrés de nasses et de filets. Et à chacune de ces embouchures, des huttes de nomades, des séchoirs à poissons dont l'odeur se mêle aux effluves fadasses de l'eau douce. Des hommes, des femmes, des enfants, des chiens. Toute une communauté s'active, une efficacité sans précipitation.

Nous arrivons à la fameuse digue de Zilim, fameuse car Roland et Aboukar en ont parlé à maintes reprises, tant pour ses conséquences hydrologiques que ses implications politiques. En 1984, suite à une grande sécheresse, une digue fut construite afin de réserver de l'eau à destination des bergers et des troupeaux, ouvrage financé par le ministère de l'Élevage et de la Production animale et par la commune de Logone-Birni. La digue, un barrage de terre en travers de la Logomatya, améliore la disponibilité en eau pour le bétail des éleveurs.

Pendant les vingt ans qui ont suivi, les activités d'élevage se sont développées tandis que les inondations ont été limitées à l'aval, impactant à la baisse les activités piscicoles. Mais problème : la construction de cette digue n'a pas fait l'objet d'une consultation avec les autres utilisateurs de l'eau, les pêcheurs, transporteurs et riziculteurs. D'où un développement anarchique de nouveaux canaux. Cette retenue d'eau a préservé un environnement propice aux oiseaux pendant les saisons sèches, sauf pendant celle de 2007 où, suite à la rupture – accidentelle ou intentionnelle – de la digue, la Logomatya s'est asséchée. Les photos d'Aboukar révèlent un paysage insoupçonnable d'aridité à l'heure où nous naviguons sur ce chenal luxuriant d'eau et de verdure. Un paysage où les rares mares d'eau boueuse ne peuvent assurer la moindre ressource piscicole aux humains ni aux oiseaux

Je ne m'étonne pas de la taille de ce barrage, une simple digue de terre dont la hauteur culmine à un mètre au-dessus de l'eau. Mais ses conséquences sont disproportionnées. La région est si plate que le moindre obstacle, comme cette digue, modifie les chemins de l'eau sur des surfaces immenses. Avec un groupe de notables locaux, nous arpentons l'objet du litige. N'étant pas assez au fait de ce conflit multifactoriel – ethnique, politique, économique et environnemental –, je n'ai aucune idée sensée quant à la résolution du problème, d'autant que je ne comprends pas un mot de leurs conversations. Ici comme ailleurs, les ouvrages hydrauliques multi-usages sont source de conflits puisqu'aucune communauté d'utilisateurs ne peut être satisfaite.

Tu perçois les limites de ton travail. Car simuler les écoulements nécessiterait de connaître la topographie de la région sur plusieurs milliers de kilomètres carrés avec une précision d'une dizaine de centimètres en altitude, ce qui est irréalisable. Et à supposer que tu disposes de ces informations, les ordinateurs ne sauraient gérer un tel volume de données.

Loin de te déprimer, ce constat te rassure. Ton étude aura un aspect global et descriptif, plus conforté par tes observations *in situ* que par des mesures précises que tu ne peux pas réaliser.

La Logomatya après la rupture de la digue de Zilim en 2006 et pendant l'extrême sécheresse de mars 2007 (photos d'Aboukar M., ACEEN).

Nous reprenons la route fluviale. Un pont en béton s'annonce, un vrai pont en vrai béton, incongru comme le sont les ouvrages d'art isolés d'une autoroute en construction. Mais de quatre-voies rapide, nenni : seul un passage traversant où déambulent marcheurs nonchalants et bovins flegmatiques. Courbant la tête sous le tablier trop bas, nous stoppons et nous relevons le niveau de l'eau sur une règle graduée scellée sur un pilier et plongeant à moitié dans l'eau : une échelle limnimétrique, le top pour l'hydrologue de terrain ! La lecture de ces règles, graduées en centimètres, permet d'en déduire le débit lorsque des mesures antérieures ont établi une relation entre hauteur d'eau et débit. Mais ici, l'horizontalité du relief rend caduque ce type de correspondance. Le débit est indépendant du niveau d'eau, à tel point qu'à hauteur d'eau identique, l'eau peut circuler dans les deux sens. Cette hauteur que je consigne avec soin, tel jour, telle heure, tant de cm, est une information sur la quantité d'eau présente, mais pas sur la valeur du débit.

Un méandre à droite, puis à gauche, et nous débouchons à Iviyé, à la confluence avec le Logone. Dans ce port rudimentaire, de longues barques bariolées, aux noms parfois énigmatiques comme CALVÉ :.MAYONNAISE.LONDON, chargent et déchargent des marchandises variées, sacs en plastique multicolores, bidons noirs, ballots de grain et les incontournables emballages de poissons séchés. Point besoin d'être un économiste du FMI pour comprendre qu'Iviyé est un point d'échange et de diffusion des pêches du Yaéré en direction de N'Djamena.

Après un stop de quelques minutes, cap vers le sud. Nous remontons le Logone vers Tékélé où Adama doit venir me récupérer, *Inchallah* ! En attendant, le Yamaha de notre pirogue nous propulse à grande vitesse. Point de filets, de barrages de pêcheurs, peu d'oiseaux, mais seule une large rivière aux berges parsemées de huttes isolées. Pas d'obstacles en vue, alors je récupère en douce ma place favorite, à la proue. Je me la joue à la Leonardo

DiCaprio, Titanic version tropiques, pas rasé ni douché depuis une semaine, sans iceberg et sans Kate Winslet ! Au moins, comme figure de proue, je m'aère. Dommage pour le reste de l'équipage qui doit humer les relents de mes vêtements pas frais. De temps à autre, nous talonnons un banc de sable, mais pas de quoi jouer à la frégate Méduse.

Miracle ! Adama est présent à l'heure dite. Passant par le lac Maga, nous nous arrêtons à Pouss. Non pas à cause d'un vieux limnigraphe[23], vide et trempant son tube métallique rouillé dans le Logone, mais pour une curiosité architecturale. Dans ce village mousgoum, un quartier original s'étend, composé de cases obus, ainsi appelées car, constituées de terre et d'herbes séchées au soleil, elles ont la forme oblongue et allongée d'un obus pouvant atteindre quinze mètres de haut[24]. Dans la lumière contrastée du soir, ces cases superbes s'inscrivent dans un tableau idyllique où se mêlent la couleur brun clair des murs, le vert de la végétation et l'azur du ciel borné par la brillance métallique du fleuve.

De retour dans ma case à Maroua, je suis surpris par mon confort retrouvé.

Je me regarde dans le miroir de la salle de bain, crasseux, et barbe d'une semaine. Je me prends illico en photo que j'enverrai à mon frère Philippe sous l'intitulé « La croisière s'amuse ». Puis, cumul de fraîcheurs, douche, chemise propre, une Castel perlant de gouttes sur

---

[23] Un limnigraphe est une structure métallique constituée d'un tube vertical dont la partie basse est immergée dans l'eau. Il est surmonté à son sommet d'une boite contenant un appareil à enregistrer le niveau d'eau transmis par un flotteur à la surface de l'eau, positionné dans le tube et relié à l'appareil enregistreur par un câble.

[24] Ces cases obus, jadis omniprésentes sur rives du Logone, ont disparu dans les années 1970. Celles du village de Pouss ont été reconstituées grâce à l'ONG Patrimoine sans frontières.

le verre et une salade de crudités au restaurant Porte Mayo.

Silencieux, tu attends ton canard aux mangues en ressassant tes questions sans fin, pourquoi es-tu ici, et pourquoi eux là-bas, et pourquoi ceci, et pourquoi cela ? Tu penses à ces pêcheurs-nomades embarqués sur leurs pirogues avec familles, chèvres, nattes, sacs de mil, équipement de cuisine et attirail de pêche, ces pirogues dont tu as expérimenté la forte instabilité. Ils bâtissent leur hutte provisoire, ils fument, sèchent et vendent des pêches miraculeuses. Les hommes relèvent les nasses, les femmes lavent et cuisinent, les enfants participent aux travaux et sautent dans l'eau en riant. Dans la chaleur, la poussière, les odeurs de poissons. Tu les as frôlés en spectateur dans ta pirogue à moteur. Tu es à ta place, ils sont à la leur, à quoi se joue cette situation, tu es toi, ils sont eux, chacun de son côté de la barrière, l'existence de différences n'est pas un scoop.

Attablé dans ton resto, tu te remémores cette foule qui pêchait hier soir à la lumière des lampes. Êtres humains, reliés et séparés. Tu aurais pu naître parmi eux, vivre un autre toi qui aurait entrevu ton toi réel naviguant avec envie, colère ou indifférence. Tu te poses des questions sans réponses. Tu te sens bizarre, hors-sol. Comme si ta présence au monde n'était que la conséquence d'un *fatum* originel, le résultat d'un coup de dés impuissants à revenir dans la main qui les a lancés.

Et pourtant. Percevoir ce qui se passe à l'intérieur du vivant, une question rémanente, comme une obsession. Comme si tu voulais appréhender l'eau, les poissons, les habitants, les odeurs par leurs yeux, leurs oreilles, leurs narines, leurs pieds, leur intelligence. Comme un désir de décupler la connaissance de ce monde que tu côtoies, d'embrasser la totalité de ce qui t'entoure.

La curiosité et l'impuissance d'être un autre, de sentir comme un autre.

Dans un entre-deux pensif, je réintègre ma case, salue le gardien et retrouve mes draps blancs et propres.

À LA RECHERCHE DE L'ÉLÉPHANT PERDU

Tu ranges tes notes de terrain, tu tries et étiquettes, tu archives photos et vidéos. Tâches fastidieuses, mais tu sais qu'une fois en France, la mémoire des noms, des lieux et des évènements se sera en partie volatilisée. Tu essaies d'être efficace, mais tu es ailleurs, tu es sur ta pirogue, râlant contre la chaleur et l'exiguïté du banc, trempant tes mains dans la fraîcheur de l'eau et avalant le poisson séché du petit-déjeuner. Ce hors-temps te manque, tu baignes dans les réminiscences de ces espaces aquatiques, des accueils impromptus dans les villages. Les myriades d'oiseaux migrateurs s'estompent. Cette nostalgie s'amplifie avec la perspective du retour. Dans quinze jours, Yaoundé, puis Montpellier. De grandes cités se profilent à l'horizon, avec leur béton, leurs foules agitées, leurs espaces contraints.

Mais *the show must go on*, et tu repars avec Adama pour de courtes missions terrain.

À nouveau en direction de Maga sur la piste concasseuse de vertèbres. Dernière croisière dans les hautes herbes, sans pannes ce coup-ci. Les huttes flottantes sont toujours là. Le lieu m'est familier, lac, digue, périmètres agricoles. Pourtant, à l'ombre d'un arbre, en bordure du Logone, je découvre une fabrique artisanale de barques, où des ouvriers assemblent des lattes de bois pour confectionner des pirogues.

Je traverse les rizières à pied. Ces rizières furent une belle opération de développement rural, destinée à la production d'un riz de qualité. Le projet fut bien financé au départ, mais la suite des évènements a buté sur l'habituelle difficulté du long terme. Les ouvrages hydrauliques sont peu entretenus, les surfaces cultivées ont régressé et la productivité a diminué. Au Cameroun, comme dans d'autres pays africains, la jonction entre la réalisation d'un projet, financé par l'état ou des institutions étrangères, et le suivi ultérieur reste compliqué. Les causes sont multiples, imbriquées dans le manque d'argent, le fatalisme, la corruption… De plus, la commercialisation du riz camerounais s'est heurtée à l'importation de riz asiatique bon marché, pénalisant la rentabilité de ce projet local.

À Maroua, je passe saluer Henry, linguiste au CNRS, chercheur détaché au Cameroun et grand ami de Christian. Spécialiste de plusieurs dialectes, il a copublié en 2002 avec Christian « Le Nord-Cameroun à travers ses mots : dictionnaire de termes anciens et modernes ». Il collabore à un programme de recherche lié au sida et aux hépatites virales. Avec Henry, je m'initie au rapport entre linguistique et santé. Dans le travail d'enquêtes, l'interface langagière entre populations et personnel sanitaire est essentielle. Concernant le sida, par exemple, une maladie difficile à appréhender, les questions-réponses doivent être traduites avec précision, car les mots sont en relation étroite avec la mentalité des locuteurs et avec leur positionnement social quant à la maladie. Cela semble du bon sens, mais pas autant partagé qu'il pourrait l'être. Je ne connaissais pas beaucoup Henry, mais, quand j'allais le voir dans la concession où il vivait avec sa femme camerounaise, j'appréciais nos échanges sur la linguistique africaine, discipline qui me fascinait d'autant plus que je n'en connaissais rien de rien. De plus, Henry possédait l'intégrale des cantates de J. S. Bach, et trouver les œuvres complètes du cantor de Leipzig au fin fond de l'Afrique m'épatait. Pourtant, qu'un linguiste ait l'oreille musicale n'aurait pas dû me surprendre.

Mi-décembre, nous organisons un voyage de deux jours dans le nord en prévoyant un zoom sur le parc animalier de Waza… avec le secret désir de voir des éléphants ! Des groupes de ces pachydermes, dont la population a été estimée à 600 individus en 2008, arpentent la réserve. Selon les périodes de sécheresse ou d'inondation, ils parcourent des couloirs de migration bien identifiés, mais, empiétant parfois sur des zones de culture, ils causent des dégâts dans les plantations. Sans compter les quelques rares pertes humaines.

Nous arrivons à Waza en fin d'après-midi. Du haut de son campement, la soirée s'étire. Le soleil couchant métamorphose l'eau éparse de la plaine en traces brillantes jaune d'or. Un troupeau de zébus contourne notre butte, meuglant dans un nuage de poussière et poussé avec nonchalance par son jeune berger. Bruit sourd d'un camion, bourdonnement diffus d'insectes. Horizontalité blessée par quelques collines volcaniques. Fumées dans le lointain Nigéria. Cette quiétude me prend à nouveau. Ce soir, je verrai les étoiles et me plongerai dans l'univers céleste. Quelques geckos me regardent d'un drôle d'air. 17 h 30, l'heure des moucherons, elle précède celle des moustiques, ce ne sera pas pire que dans le Yaéré.

Ici est plus que l'Afrique, ici est une terre, des paysages, un climat… et des humains.

Ici, à l'époque du Sahara vert, 6000 ans avant notre ère, le lac Méga-Tchad s'étendait, un immense lac paléolithique de 300 000 km², témoin d'une pluviométrie passée importante. Le climat actuel penche dans l'autre sens et, dans quelques dizaines d'années, les flaques jaunes miroitantes ne seront qu'un souvenir. À la place, terre craquelée et buissons épineux s'installeront, la vie et les hommes s'adapteront à une sécheresse perpétuelle. Mais le changement climatique a plus d'un tour dans son sac et nous n'en connaissons pas toutes les rétroactions positives ou négatives : allons-nous vers plus de pluies ? De sécheresses ? D'inondations ? De crues violentes ? On dit que cela va mal, et pourtant cette année a été une bonne année, beaucoup de pluie, de surfaces inondées et de poissons. Le changement climatique s'inscrit dans une variabilité naturelle qui nous fait oublier la tendance inéluctable vers du plus chaud.

Excellente nuit au campement de Waza, à peine perturbée par l'obstination des moustiques. Dans le village, pas moyen de trouver un restaurant et un éventuel petit-déjeuner. Nous nous rabattons sur le banc d'un café en bord de route qui nous sert thé et pain, collation complétée par nos sardines. Attroupement d'enfants dont j'occupe le centre. Le Blanc, le *nassara* reste un objet infini de curiosité. Les plus hardis demandent cadeau, d'autres pouffent, d'autres encore ont les yeux comme des billes devant cet Ovni qui mange sur un banc du village au lieu de se restaurer à l'hôtel. S'ils me sollicitent, je ne leur donne rien. La seule fois où j'ai cédé à leur demande de chocos BN et de bouteille plastique – précieuse pour vendre du jus de fruits maison –, la ruée a tourné en querelles sévères.

Je me régale de ces moments où, planté dans un village, je prends le temps, je regarde. Surtout dans la fraîcheur du petit matin ou du soir. À part les enfants, je n'attire pas les foules : quelques bonjours, un commentaire, un sourire, pas plus. Je les regarde négocier une noix de kola, faire leurs prières en public – uniquement les hommes –, palabrer, ne rien faire, réparer un moteur avec un autre moteur, se saluer en un rituel immuable de litanies. Un vélo passe, chargé de nattes de deux mètres de large que le moindre touche-touche avec une voiture ferait tourner sur lui-même, comme dans un film de Buster Keaton. Une belle femme, tunique d'un bleu immaculé, se tient droite au bord de la route, détachée, immobile dans le mouvement ambiant. Une bicyclette roule tant bien que mal, elle possède, comme tous les vélos et quel que soit leur état, une pompe accrochée avec soin au cadre. Les enfants et leurs cahiers sont sur le chemin de l'école, croisant un troupeau de zébus et leur berger peul. En soirée, le tableau se prolonge dans l'obscurité où les lampes à pétrole des boutiques éclairent la rue. L'ambiance est fantomatique et vivante, ballet de flammes orangées, de loupiotes bleues et d'écrans de portables. Dans ce théâtre aux coulisses obscures, des silhouettes entrent et sortent sous le regard flegmatique d'une lune au croissant horizontal.

La présence de cette belle femme debout, seule et verticale sur le bord de la route, me ramène deux ans en arrière pendant une mission où j'avais arpenté des îles du lac Tchad dans sa partie nigérienne. En fait d'îles, la régression du lac les avait transformées en collines arides d'un paysage de végétation chaotique. Dans ce village où notre 4x4 avait fait halte, je les avais tout de suite repérées dans l'attroupement des nombreux curieux attentifs à la moindre goulée de Coca des étrangers. Difficile de les ignorer, ces belles filles, fines, au teint noir-rouge souligné de fard noir et de bijoux multicolores. Il s'agit de Peulhes rouges, m'avait signalé mon chauffeur. Leur allure n'était pas étonnante, car les Peulhs sont généralement beaux. Je n’en perdais pas une miette, car elles détonnaient dans cet attroupement de badauds. Avec cependant une sensation de malaise. Car ces jeunes filles, enveloppées dans leurs robes rouges piquetées de sombre, plantaient leur regard dans le mien, en souriant, que cela aurait été un péché de fuir ces yeux, mais que pour les soutenir, il fallait s'accrocher. Et je m’y suis accroché, pour cette curieuse et oubliée sensation de dialogue silencieux. Comme si un sentiment d'égal à égal circulait au-delà des couleurs de peau et des différences de sexe. Elles ne se sont pas gênées pour passer devant en me regardant, avec cette curiosité effrontée de celles qui sont sûres d'elles. Pas racoleuses, pas du tout, mais présentes, ça oui. Et ces Peulhes rouges sont repassées en regardant droit devant elles, sourire aux lèvres. Cet instant fugitif m’a laissé rêveur, surtout en retrouvant contact avec la foule tout autour où les femmes sont plus réservées, plus distantes.

Adama et moi quittons notre café.

Le long de la route qui mène au nord, je note avec soin l’eau présente ou absente de mes *pixel-tests*. Mais je me lasse de cette routine, d’autant que le paysage, aride et plat, n’est pas excitant, à part les mares où des échassiers blancs picorent dans la vase ou sont agglutinés au sommet de rares arbres, tels des fruits géants. Pourtant, dans le jaune desséché des herbes environnantes où l’inondation n’est pas arrivée, des champs d’un vert tendre surprenant s’étendent de-ci de-là. Les paysans ont développé une nouvelle méthode de culture du sorgho repiqué de contre-saison. Profitant de l’humidité résiduelle du sol, ils repiquent, à une profondeur quasi millimétrée, des plants de sorgho qui auront le temps de croître avant que la saison sèche n’impose son aridité. Cette pratique donnera en février-mars une seconde récolte dans l’année.

Après une journée au nord et le retour à Waza, nous repartons vers la réserve animalière. Un notable de

Maroua nous avait fait une autorisation officielle, un brouillon manuscrit en guise de laissez-passer en 4x4 pour la zone du parc. Nous sommes accompagnés d'un guide. Nous traversons une zone boisée, parsemée de mares artificielles creusées à l'époque où la plaine se dégradait sous l'effet de sécheresses successives. Les animaux utilisaient ces mares alimentées par des forages comme marigots. La situation s'est améliorée, les forages ne sont plus utilisés et ces mares se remplissent au gré des inondations et des pluies. Elles sont devenues des sites à poissons, objets de convoitise des pêcheurs et source de conflits avec les autorités du parc car la réserve est une zone protégée, sans pêche ni chasse. Dès lors, les relations entre habitants et administration ne sont pas toujours au beau fixe, parfois aggravées lorsque les éléphants n'en font qu'à leur tête.

Après avoir suivi une autruche et croisé une girafe, un animal magnifique – surtout quand elle se met à trotter, une grâce digne d'un état d'apesanteur –, nous nous engageons dans une savane herbeuse où sont censés circuler mes éléphants. Nous traçons en ligne droite dans les hautes herbes qui ploient sous le 4x4. Malheur ! Même en montant sur le toit du véhicule, aucune trace de trompes ni de grandes oreilles. Seules de larges empreintes fraîches au sol nous narguent. Debout sur la tôle, nous scrutons avec acuité l'horizon végétal, mais rien n'y fait ! Ce sera la seule déception de cette mission. Avec bonheur, Christian et son crayon répareront cette déconvenue sur un coin de table de café.

Le matin suivant, je travaille dans ma chambre, et avant le retour à Maroua, je décide de monter au sommet de la colline voisine, plus haute que celle de notre campement, histoire de me dérouiller les jambes et de découvrir un point de vue amélioré. Cette escapade pédestre ne fut pas l'idée du siècle !

Je pars vers 11 h, quand le soleil est déjà haut, et sans anticiper la chaleur. Des gamins m'escortent, autant étonnés de mon initiative que désireux de me servir de guide. Je me décide à choisir un accompagnateur moyennant rétribution, et je me retrouve escorté d'un jeune garçon qui cavale devant moi. Aucun chemin, il coupe direct vers le sommet et me voilà essoufflé à en mourir. Le constat est impitoyable, je manque d'exercice.

À la recherche de l'éléphant perdu…

... et retrouvé par Christian S.

Et je n'ai même pas pensé à emporter une bouteille d'eau !

Arrivé au sommet, essoufflé et dégoulinant de chaud, je me pose, partagé entre la sensation de mon état physique déplorable et la beauté environnante. L'horizontalité vue de haut révèle l'immensité extrême du lieu. Après avoir retrouvé mon souffle et filmé le paysage, je redescends seul car mon guide s'est escampé. Il ne m'a pas été d'une grande utilité, je ne risquais pas de me perdre. En plus, n'ayant pas voulu jouer le touriste bedonnant, je me suis explosé en voulant suivre son rythme.

Ces enfants sont étonnants. Dans les villages, ils participent dès que possible aux tâches ménagères, transportant des bidons d'eau, fagotant le bois, relevant les nasses à poissons. Ils travaillent peu aux champs, de ce que j'ai pu voir, mais je n'étais pas là au moment des récoltes. Leur jeunesse est consacrée aux tâches d'adultes. Et le paradoxe est que les adultes – hommes, car les femmes sont plus discrètes – se conduisent parfois comme de grands enfants dans leur manière d'être, de réagir, de s'exprimer, comme s'ils récupéraient la partie de leur enfance consacrée aux travaux des adultes.

La butte du campement de Waza et la colline aux singes.

En descendant, je croise un petit groupe de singes regroupés à l'ombre d'un arbre. Ces primates au look de babouins n'apprécient pas ma proximité si j'en juge par l'intérêt qu'ils me portent et leur agitation croissante. Je sais que nos cousins peuvent se montrer agressifs et je n'en mène pas large. Mais où est mon guide ? Avec la lenteur d'un Sioux, je contourne pas à pas l'obstacle animal et, soulagé, je termine ma descente et regagne le campement.

Je voulais rencontrer des éléphants et j'ai frôlé l'incident diplomatique avec des singes.

SUR UNE DUNE PROCHE DU NIGÉRIA

L'eau s'étend sans limites, elle miroite vers un horizon invisible. Sa surface est hachée d'*inselbergs* regroupés, émergeant au-dessus de l'immensité liquide. Les prairies aquatiques abondent le long des rivages où se réfugient les animaux et les hommes, friands de ces ressources sauvages. Poissons, oiseaux et mammifères se conjuguent au service des humains et de leur nourriture, de leur survie. Les fluctuations de cette mer intérieure suivent le rythme pluie-sécheresse, elles découvrent un rivage enrichi de sédiments et propice à toute forme de vie. Un paradis terrestre.

Sortir de ta rêverie et ouvrir tes yeux ont pris une centaine de siècles, le temps nécessaire pour transformer l'humidité du Sahara vert en aridité. Le temps pour l'eau de s'évaporer, de s'infiltrer, de se tarir. Le temps pour cette mer intérieure de se réduire drastiquement, et de devenir le lac Tchad actuel. Les basses terres émergentes abritent maintenant forêts de papyrus, huttes de pêcheurs, repères de trafiquants, ports de commerce. Elles sont des lieux de passage des bœufs *kouri* aux cornes imposantes, nageant de pâturages en herbages insulaires.

Sortir de ta rêverie et ouvrir tes yeux te ramènent sur cette bande sableuse à la frontière entre Cameroun et

Nigéria. Tu es assis au soleil, et du sommet de cette dune, vestige des temps paléolithiques, tu surplombes de quelques mètres la mer fantôme. Tu contemples l'uniformité plate, recouverte d'eau dans le passé, et à présent peuplée d'herbes sèches et d'arbres squelettiques, parsemée de mares et de champs de sorgho ponctués de vert pimpant. Les îles anciennes se sont muées en hautes collines appuyées sur la plaine desséchée. Cet univers est devenu le tien, ton champ d'expérimentation. Tu le parcours en quête de résidus d'eau, traqués par ton regard d'humain et par les yeux artificiels de machines célestes.

Fragments de terre africaine parsemée d'eau
À parcourir
À étudier
À apprivoiser et à être apprivoisé
Et où rêver dans un azur sans limite

BOIRE UN COUP À L'AÉROPORT ?

J'entame mes dix derniers jours à Maroua après deux mois et demi dans cette ville. Je me sens désœuvré, aucune mission terrain n'est programmée. Et pourtant, je suis dans l'urgence des dernières tâches : rapport de mission, derniers contacts, préparation d'un exposé aux collègues de Maroua, synthèses budgétaires. Sans compter un problème tragique à résoudre : je n'ai plus rien à lire ! Bienheureux, mon gardien m'indique une papeterie en ville, où il a vu des livres. Bingo ! Plusieurs romans traînent sur une étagère, surtout du Patrick Cauvin. Je bénis mon gardien et cet écrivain dont je savoure « $E=mc^2$ mon amour » et « Nous allions vers les beaux jours ». Je n'aurais pas pris le même plaisir à les lire en France, mais ici et maintenant, faute de grives je lis des merles. Lors de mes passages à la papeterie, je donne mes anciens livres au libraire qui n'en revient pas de l'augmentation de son stock.

Je revois mes compagnons-ichtyologues de pirogue à une réunion où je leur présente l'état de mes connaissances sur le milieu. Mon discours est plus fourni qu'à mon arrivée et je suis plus assuré sur mes connaissances. Ils sont contents de notre collaboration.

Adama me conduit pour un tour complet de Maroua sur le périphérique, l'avenue qui boucle le centre-ville. Je filme à travers le pare-brise et le résultat, bien que chaotique, donne une bonne idée de l'ambiance de la ville. Une ville où j'ai vécu plus de deux mois, et dont je ne connais pas grand-chose quant à l'histoire et aux traces de la colonisation.

Après la présence allemande (1902-1919), les Français s'installent à Maroua de 1916 à 1960, année de l'indépendance camerounaise. L'administration française ne voulant pas s'immiscer dans la complexité des équilibres politiques locaux, elle privilégie un seul interlocuteur, le *lamido*. Cette prééminence du *lamido* contribua à déséquilibrer les rapports sociaux, en mettant sur la touche des familles de notables et en introduisant le travail forcé des *diimo*, hommes libres. L'administration française entreprend de modifier l'urbanisation : agrandissement de la ville, édification de bâtiments administratifs, comblement de mares et construction de ponts.

Elle crée un centre artisanal et commercial, symbole du développement de l'artisanat. Car les colons français, admiratifs de la qualité artistique des objets en tissu et cuir fabriqués à Maroua, impulsent, sous l'égide de la Société indigène de prévoyance, l'essor de l'artisanat et de son commerce à destination d'une clientèle européenne. Ambiguïté d'une prospérité nouvelle des artisans au service de fabrications modernes détournées de leurs usages traditionnels.

Quant à la population, on ne comptait en 1958 que 180 expatriés français sur une population de 25 000 habitants. Enfin, l'islam, pratiqué par 90 % de la population, est resté la religion majoritaire.

Ces éléments ne sauraient décrire avec précision l'impact de la colonisation française à Maroua. Il semble néanmoins que celui-ci fut moindre que dans d'autres régions africaines. Ainsi, Maroua resta à l'écart des grands circuits commerciaux africains, à telle enseigne que l'administration se plaignait du manque d'activités commerciales, à l'exception de celles liées au bétail et à l'artisanat.

Pour la petite histoire, si André Gide relate son passage à Maroua en pleine chaleur du mois de mars 1927 dans son récit « Le retour du Tchad », ce n'est que pour décrire l'hébergement au poste administratif sur une colline dominant la ville et la plaine, « Un des paysages les plus nobles qui puissent se voir ; l'un des plus éloquents, des plus désolés. »

Je retrouve Petit-Jean qui arrive de Yaoundé et nous organisons le voyage de retour. Nous ramenons à la capitale les restes archéologiques, poteries et objets domestiques, qui sont stockés dans le *boukaru* de ma concession. Perplexe, je regarde le 4x4 se combler d'antiques objets hétéroclites, me demandant où mes sacs trouveront leur place. Lesquels sacs sont si bourrés que j'achète au bazar des sangles qui leur éviteront une rupture inopportune. Je n'ai pas pris ma petite radio RFI, je l'ai laissée à Adama, avec d'autres objets dont il saura faire bon usage.

Je photographie la devanture de la boutique informatique d'Adama, photos qui figureront sur sa plaquette publicitaire. Adama ! Adama, l'homme clef de ma mission, l'homme de terrain multicarte. Sans sa présence, sans sa connaissance du terrain et des hommes, sans son calme… et sans son expertise du 4x4, je ne sais ce que j'aurais pu faire. Au-delà de nos journées passées à tracer sur les pistes et à enquêter dans les villages, la confiance instaurée entre nous a débordé du cadre professionnel. Les discussions et problèmes techniques, nos capacités d'adaptation, sa curiosité à l'égard de mon travail, ses invitations, tout ce vécu partagé nous a permis de travailler dans une entente amicale et bienveillante que je regrette déjà.

Adama aux multiples casquettes : conducteur, docteur des freins, hydrologue, interprète.

Je marche jusqu'au cybercafé et reviens de même. Ce peu d'exercice à midi, heure de grosse chaleur, reste une épreuve, mais je garde le contact avec le temps de prendre le temps.

Tu as un pied à Maroua, à Yaoundé, un autre à Montpellier. Partance ébauchée, source de nostalgie. Adieux à Adama et à ta concession. Tu ressens de la perte… De ta liberté de travail ? De l'éloignement des institutions ? De ton quotidien impromptu ? Des étoiles signant ton deuxième été ? Tu appréhendes ton arrivée en France qui coïncidera avec l'abondance excessive de Noël. Tu te réjouis de sortir de cette solitude, de retrouver famille et amis. De reprendre le chemin du ciné, des ateliers de danse. Tu n'as pas deux pieds, mais cinq, dix, vingt, chacun dans un sabot différent. Ton humeur te joue des tours.

Dans un potron-minet frisquet, Petit-Jean démarre le 4x4, je salue le gardien une dernière fois, nous franchissons le portail et nous quittons Maroua.

En deux jours de route et piste, nous franchirons en sens inverse les 1500 km parcourus en octobre. À nouveau, poussière rouge, poids lourds, épaves automobiles en bord de piste.

Nous progressons vers l'humidité tropicale.

La saison sèche facilite la circulation, mais elle favorise surtout la poussière. Derrière nos roues, le nuage rouge nous indiffère. Mais devant nous, pénétrer dans les nuées ocre des véhicules croisés est moins drôle. Petit-Jean ralentit à chaque croisement. Quand nous roulons à 20 à l'heure sur de la tôle ondulée, le 4x4 semble se désintégrer et partir en orbite. De jour, doubler est un exploit, et à la nuit tombée, Petit-Jean effectue des prouesses.

Nous stoppons dans un village entre N'Gaoundéré et Garoua Boulaï, à la frontière avec la République centrafricaine. Dans cette bourgade industrielle, passe le *pipe-line* transportant le pétrole brut tchadien vers l'Atlantique. À 8 h du soir, il fait nuit, le patelin est sinistre, les rues sont défoncées et désertes, sans éclairage. Nous réussissons à trouver un hôtel, comme ceux dont on parle dans les livres de routard, sombre, sale, lugubre. Bizarrerie : les draps ont l'air propres. La douche aussi, mais elle ne marche pas. Pas grave, je remplis un seau en enlevant l'évacuation du lavabo, d'ailleurs les tuyaux tombent tout seuls. Je plonge la tête dans l'eau du seau, je me rince dix fois, et à chaque fois, la poussière de latérite laisse une jolie couleur rouge. Mais mes ablutions sont stoppées net : le garçon d'hôtel vient chercher le seau pour un autre client, le récipient est unique pour tout l'hôtel. Un joli cafard sur le dos agite ses pattes, comme s'il voulait qu'on lui gratte le ventre.

Nous partons manger, la porte de la chambre ne ferme pas, je me trimbale chargé comme un baudet avec le plus précieux de mon boulot, ordi, notes de terrains, cassettes vidéos. Par chance, des Cocas, du foie et du pain comblent nos estomacs d'aise. Nous ne sommes pas fâchés de repartir le lendemain matin.

Les couleurs, les végétaux, les habitations, les cultures et les ambiances se transforment au gré du voyage. La température devient fraîchement humide et la piste court dans une forêt de plus en plus touffue. Nous roulons de colline en colline. Sur les sommets, la piste est bonne, et vers les bas-fonds et rivières, où le ruissellement a dégradé la latérite, nous passons les ponts et les gués au ralenti entre bosses et trous, endroits chéris où sévissent les coupeurs de route. Merde alors ! Cela me mettrait en pétard de perdre le boulot de deux mois de terrain ! Le pire dans ce 4x4 chargé jusqu'à la gueule de cartons archéologiques est la poussière s'infiltrant par les infimes trous et fentes de la carrosserie. Même quand les vitres sont fermées, un brouillard perpétuel flotte dans la cabine, une brume sèche et rouge qui se dépose partout, rien à faire. Cette mission commence à traîner en longueur.

Noël est proche, et Petit-Jean profite de la galerie sur le toit. Il achète et ramène à Yaoundé toute une variété de nourritures, moins chères qu'à la capitale. Le toit se couvre de sacs d'arachide et de manioc, de régimes de bananes plantain, de viande de bœuf. Devant l'échoppe d'un boucher, deux têtes de vaches me regardent d'un air louche, longues incisives béant au-dehors. Ces têtes et quelques pattes garnies de leurs sabots sont fumées sur un brasero, vision radicale pour couper l'appétit. À chaque arrêt pour achat, il faut négocier, marchandages où les femmes sont les plus redoutables. Je filme les discussions, cela fait rire, mais arrivés dans la forêt, les locaux me réclament de l'argent. Le paysage a changé, les mentalités aussi. Je range ma caméra.

À l'approche de Yaoundé, je participe au sport favori des autorités routières dont l'objectif est d'arrondir leurs salaires en vue des fêtes de Noël. Pour des motifs fallacieux, nous subissons deux arrêts-contrôles de la gendarmerie et de la prévention routière. Le gendarme, quasi éméché, veut me coincer avec mon certificat de vaccination – j'avais refusé de lui passer mon passeport –, mais pas de chance, mon carnet est à jour. Quant à l'agent de la prévention routière, il nous assène une interdiction de transport de caisses : la carte grise du 4x4 mentionne une capacité maximale de dix passagers… mais pas de matériel. Petit-Jean discutaille, parfois avec agressivité. De guerre lasse, nous acceptons, OK nous payons, mais nous voulons un PV écrit et signé par le chef. Cette exigence calme direct les ardeurs du contrôleur qui nous laisse repartir.

Les jours à Yaoundé passent trop vite. Je retrouve l'hôtel Girafe et mes habitudes, où je peaufine l'exposé que je présenterai à l'université. Cette contrainte de conférence me convient. Elle m'oblige à un effort de synthèse sur ma mission, à trouver dans mon travail une cohérence que je ne percevais pas à force d'avoir le nez dans le guidon. Je suis arrivé à Maroua avec une connaissance théorique des écoulements et un savoir livresque du milieu. J'ai parcouru le terrain, discuté avec chercheurs et habitants, mesuré quelques hauteurs d'eau et interprété des images satellite. Je connais la dynamique des débits et des surfaces inondées, je sais appréhender la variabilité du climat, je peux établir des lois statistiques entre les variables précipitation, débit et température de l'air[25].

Mais j'ai dû restreindre mes objectifs. Car la connaissance des chemins de l'eau est inséparable des pratiques des populations, des politiques de développement local, de l'interdépendance des échelles régionales et locales, ainsi que de la topographie particulière quant à sa platitude. Par moment, j'ai vécu cette situation comme un problème, comme un obstacle professionnel. Puis, au fur et à mesure que je parcourais ce pays, que je comprenais mieux la vie et les contraintes de ses habitants, que je sentais les courants de l'eau, j'ai accepté le cadre du possible et de l'illusoire. Ce qui m'a permis d'apprécier la force et la beauté de ces paysages où vivent et travaillent des femmes et des hommes dans une énergie de vie que j'admire.

Dans le Yaéré, tout n'est pas rose, mais tout est intense.

Tu fais un saut à la cathédrale, perchée en haut d'une des collines de Yaoundé, histoire de t'offrir le petit *revival* d'une veillée de Noël à laquelle tu avais participé en 1978. Tu retrouves le lieu, l'église, tu te remémores les cantiques rythmés par une chorale de femmes vêtues de superbes boubous. D'autres détails te reviennent, des arbres, la nuit, sans certitude de la frontière entre mémoire et réalité. Comme si ton corps avait stocké une familiarité diffuse sans en préciser les contours. Tu aimes cette sensation

[25] Les résultats de notre travail commun, présentés dans un congrès en 2010 à Fez (Maroc), ont fait l'objet d'un article publié dans la collection Red Books de l'IAHS : *F. DELCLAUX, E. HAAS & N. ROUCHE (2010), Satellite monitoring of Yaere flood plain dynamics (north Cameroon), IAHS Publ. 340, pp 335-343.*

unique et étonnante, juxtaposer souvenirs passés et sensations présentes, naviguer dans l'ambiguïté d'un rassurant qui existe toujours et d'un temps qui s'écoule et transforme.

Derniers détails administratifs au centre IRD où j'ai un entretien avec Xavier, le chef de Centre. La comptable Patricia, remarquable d'efficacité, m'aide à clarifier les éléments financiers de ma mission. Je rédige une page WEB de synthèse de mon travail à destination du site internet de l'IRD Cameroun.

Enfin, le 22 décembre au soir, Petit-Jean m'accompagne à l'aéroport. Dernière soirée tropicale, en salle d'embarquement direction Montpellier via Casablanca et Paris. Où je pourrais croire que tout est fini. Sauf que... Je m'attendais à des problèmes de billet non confirmé : rien. Je m'attendais à un souci pour les deux gros bagages en cabine : rien. À des palabres au poste de police sur l'ambiguïté de mon visa : rien. Au passage sécurité, une brave dame veut me faire payer mon excédent de bagage cabine, mais ça passe quand même. Parcours de formalités sans couacs, presque décevant... jusqu'à la dernière fouille manuelle des bagages avant embarquement, là où les fonctionnaires de la sécurité ont constaté que je n'avais pas le précieux sésame « moins de 5 kg » qu'aurait dû me délivrer la femme du contrôle précédent :

- Oh là là, cher monsieur, vos bagages cabine pèsent au moins 12 kg ! *(air navré)*

- Ah bon ? *(franchement étonné)*

- Vous savez que le maximum en cabine est de 5 kg ? *(ton réglementaire)*

- … *(silence d'incompréhension)*

- Et vous avez quoi là-dedans ? *(ils n'ont même pas ouvert mes sacs)*

- Vous savez *(évidemment qu'ils ne savent pas)*, c'est tout mon travail que j'ai dans ces sacs. Je viens de passer plus de deux mois dans le nord, à Maroua. Et puis nulle part je n'ai vu mentionné la limite de 5 kg. *(de très mauvaise foi)*

- Et vous faisiez quoi, à Maroua ? *(interrogatif, limite suspicieux)*

- Étudier les problèmes liés à l'eau, aux inondations. Je fais de la recherche sur l'eau avec des collègues de l'université du Cameroun. Regardez, j'ai même une thèse écrite par un de vos compatriotes ! *(flagorneur, noyant le poisson)*

- Vous auriez pu nous ramener de l'eau ? *(? je ne comprends pas...)*

- Sûr, la prochaine fois, promis, je vous en ramène ! *(je confirme, ça ne mange pas de pain)*

- C'est-à-dire que… on a soif… *(insistant)*

- … *(et alors ?)*

- Maintenant… *(ça y est, mes neurones percutent)*

- Vous avez envie de boire un coup ? Tout de suite ? *(nous y voilà)*

-… *(sourires)*

- Bon… *(un coup à boire, c'est combien ?)*

Je suis coincé, ils ont mes bagages. En plus de pas de chance, j'ai rangé mes CFA dans mon sac à dos parti dans la soute. Le fonctionnaire et moi nous nous asseyons plus loin, dans la salle d'attente vide où nous papotons dans le calme tandis que, sous son regard débonnaire, je farfouille mes poches en espérant qu'il ne va pas faire monter les enchères. Mais non, pas d'inflation. Sans me cacher, je lui donne 3000 CFA.

Je n'ai pas demandé de facture pour un remboursement IRD.

L'avion roule dans la nuit, il a décollé à l'heure.

EN GUISE D'ÉPILOGUE

Ce qui est ennuyeux avec la mémoire,
c'est qu'elle croit toujours savoir
quand elle ne fait que raconter des histoires.
Wajdi Mouawad, *Mère*

De l'eau a couru dans le Logone depuis ton périple. Malgré la crise climatique et les sécheresses annoncées, le lac Tchad reste stable. Ses variations saisonnières permettent, comme celles du Nil, une culture de décrue sur les rives ainsi que l'élevage. Mais le lac et ses îlots sont aussi devenus des refuges utilisés par les milices djihadistes de Boko Haram, freinant les activités de ses habitants. Depuis tes passages dans cette région, tu gardes en mémoire ces troupeaux de bœufs *kouri* nageant d'île en île, ces bateliers du Yaéré, ces pêches miraculeuses, la gentillesse des villageois et nomades qui t'ont accueilli. Que sont-ils devenus ? Comment se sont-ils arrangés avec ces changements ? Comment vivent-ils ? Tu restes sans réponses, tu n'as que des réminiscences à ta disposition, des bribes de souvenir. De l'ordre de l'infime au regard du monde, mais considérables car elles t'ont sculpté.

Tu feuillettes le carnet de bord que tu rédigeais le soir sous ta moustiquaire, tu regardes les photos et vidéos archivées, tu te replonges dans ton cahier de terrain où foisonnent noms et indicatifs de téléphone, identifiants de *pixels*, factures et listes en tout genre. Des traces vieilles de plus de dix ans. Elles sont tes repères mémoriaux, elles sont objectives, pures et dures. Et pourtant, elles ne manifestent rien d'achevé. Elles sont des amers au milieu desquels circule un réseau de sentes multiples. Les odeurs des marchés et les saveurs des plats. Les paysages impossibles à contenir dans un cadre. Les voix s'interpellant entre pirogues. Le sourire d'une femme peule. Ou, plus intime, la sérénité d'une soirée solitaire.

Cette mémoire est impossible à cristalliser. Pourtant, tu t'obstines à travailler ces souvenirs dans une nécessité d'écrire, désir de mots et de phrases entremêlés d'images. Tu contractes et tu dilates l'espace-temps. Tu joues avec les trous noirs des réminiscences en émaillant ta vérité de quelques arrangements. De même que les spectateurs d'un évènement produisent chacun leur récit, tes réalités se chevauchent dans une mouvance bornée.

Tu es le décor, l'évènement
Tu es l'acteur
Et le témoin.

Montpellier, février 2025

Remerciements

Comment remercier les innombrables personnes qui m'ont accompagné dans cette aventure scientifique, humaine et littéraire ? Impossible de les mentionner toutes et de les nommer en termes de priorité, de profession ou d'importance. Toutes ces rencontres, y compris les anonymes, ont contribué à la réalisation de ce travail sous tous ses aspects.

Une seule solution : privilégier l'ordre géographique et alphabétique.

Ainsi, au Cameroun :

A. Abdoulaï, K. Albert, Beladan, O. A. Dogo, E. Fotsing, G. Lienou †, Mamoudou, J. P. Mvondo, B. N'Gounou N'Gatcha, J. C. Ntonga, L. Sigha, D. Sighomnou et H. Tourneux, ainsi que E. Naah à Nairobi.

Concernant le Tchad :

N. Betolum, M. Bila, M. Dimbele, J. A. Djogriomel, N. Goundoul, D. Ngmendjita, N. Tellro Wai et A. Tiega.

Au JRC, près du lac de Côme en Italie :

E. Haas.

Pour le personnel de l'IRD qui m'a accompagné de près et de loin :

S. Bastola, N. Couesnon, P. Genthon, G Mahé, S. Roy et E. Servat à Montpellier, ainsi que X. Garde, P. Huygues Despointes, M. E. Molo et Petit-Jean à Yaoundé.

Et surtout, à Maroua :

Adama, A. Mahamat, C. Seignobos et R. Ziebe pour m'avoir initié, chacun à sa manière, à la complexité et à la beauté du Yaéré.

Enfin, pour m'avoir accompagné sur le déroulement littéraire et graphique de cette aventure, à Montpellier et ailleurs :

M. François, I. Giudicelli, F. Jaulmes, T. Maliet et A. Pengam ainsi que C. Seignobos, pour leurs retours critiques, exigeants, et parfois acérés, mais toujours bienveillants lors des relectures du document.

Table des chapitres

Structures éditoriales du groupe L'Harmattan

L'Harmattan Italie
Via degli Artisti, 15
10124 Torino
harmattan.italia@gmail.com

L'Harmattan Hongrie
Kossuth l. u. 14-16.
1053 Budapest
harmattan@harmattan.hu

L'Harmattan Sénégal
10 VDN SICAP AMITIE 3
BP 45034 Dakar-Fann
direction@senharmattan.com

L'Harmattan Cameroun
Tsinga/Derrière polyclinique FECAFOOT
BP 11486 Yaoundé
Jacques.koukam@harmattan.fr

L'Harmattan Burkina Faso
Villa 281, secteur 23 623, rue 14.32
Ouagadougou
zagbie@outlook.fr

L'Harmattan Guinée
Almamya, rue KA 028 OKB Agency
BP 3470 Conakry
harmattanguinee@yahoo.fr

L'Harmattan RDC
185, avenue Nyangwe
Commune de Lingwala – Kinshasa
matangilamusadila@yahoo.fr

L'Harmattan Congo
219, avenue Nelson Mandela
BP 2874 Brazzaville
deunovmikhael@gmail.com

L'Harmattan Mali
Immeuble Mgr Jean Marie Cissé
Aci Hamadallaye
BP 145 Bamako
syllaka@yahoo.fr

L'Harmattan Togo
Djidjole – Maison Amela
face EPP BATOME
02 BP 20680 Lomé
didieramela11@gmail.com

L'Harmattan Côte d'Ivoire
Résidence Karl – Cité des Arts
Abidjan-Cocody
03 BP 1588 Abidjan
harmattan.ivoire@gmail.com

L'Harmattan Bénin
Rue 604, (Immeuble à l'entrée
de la rue UCAO- Cite de Saint-Jean)
Cotonou
stepcorpus@gmail.com

Nos librairies en France

Librairie internationale
16, rue des Écoles
75005 Paris
librairie.internationale@harmattan.fr
01 40 46 79 11
www.librairieharmattan.com

Librairie des savoirs
21, rue des Écoles
75005 Paris
librairie.sh@harmattan.fr
01 46 34 13 71
www.librairieharmattansh.com

www.ingramcontent.com/pod-product-compliance
Lightning Source LLC
LaVergne TN
LVHW021230061026
849535LV00008B/3011
* 9 7 8 2 3 3 6 5 2 5 7 2 3 *